煤炭行业特有工种职业技能鉴定培训教材

脱 水 工

（初级、中级、高级）

河南煤炭行业职业技能鉴定中心　组织编写

主　编　张同军

中国矿业大学出版社

内 容 提 要

本书分别介绍了初级、中级、高级煤矿脱水工职业技能鉴定的知识和技能要求。内容包括了脱水工基本知识、脱水设备工作原理、构造、日常维护、故障判断及处理、安全知识、电钳工知识、工艺流程图的绘制、全面质量管理基本知识以及泥化煤的脱水实践等知识。

本书是煤矿脱水工职业技能考核鉴定前的培训和自学教材,也可作为各级各类技术学校相关专业师生的参考用书。

图书在版编目(CIP)数据

脱水工 / 张同军主编. —徐州:中国矿业大学出版社,2012.12

煤炭行业特有工种职业技能鉴定培训教材

ISBN 978-7-5646-1711-0

Ⅰ. ①脱… Ⅱ. ①张… Ⅲ. ①煤矿-脱水-职业技能-鉴定-教材 Ⅳ. ①TD926.2

中国版本图书馆 CIP 数据核字(2012)第 267578 号

书　　名	脱水工	
主　　编	张同军	
责任编辑	周　丽	
出版发行	中国矿业大学出版社有限责任公司	
	（江苏省徐州市解放南路　邮编 221008）	
营销热销	(0516)83885307　83884995	
出版服务	(0516)83885767　83884920	
网　　址	http://www.cumtp.com　E-mail:cumtpvip@cumtp.com	
印　　刷	北京兆成印刷有限责任公司	
开　　本	850×1168　1/32　印张 7.375　字数 190 千字	
版次印次	2012 年 12 月第 1 版　2012 年 12 月第 1 次印刷	
定　　价	26.00 元	

（图书出现印装质量问题,本社负责调换）

《脱　水　工》
编审人员名单

主　　编　　张同军

编写人员　　张　磊　　赵金况　　高计伟
　　　　　　陈照旭

主　　审　　蔡有章

审稿人员　　郭　彦　　王文献　　宋景玲
　　　　　　李湘建　　张华宇

前　言

近几年来,我国选煤工业迅猛发展,选煤厂数量增加,选煤技术进步速度加快,在选煤行业应用的脱水工艺和设备也日新月异。为了提高选煤厂脱水工的理论和操作技术水平,编者编写了这本教材。

本书介绍了脱水工初级、中级、高级应掌握的理论知识和应具备的技能知识。内容包括脱水基本知识、脱水设备工作原理、构造、日常维护、故障判断及处理、安全知识、电钳工知识、工艺流程图的绘制、全面质量管理基本知识以及泥化煤的脱水实践等。

本书在编著过程中得到了中国平煤神马能源化工集团的大力支持。参与编写者都是来自选煤厂生产一线现场经验丰富的工程技术人员。第一章、第九章、第十三章、第十四章由张同军执笔。第二章、第三章、第十章、第十七章由张磊执笔。第四章、第十一章、第十二章、第十八章由赵金况执笔。第五章、第七章、第八章、第十五章由高计伟执笔。第六章、第十六章由陈照旭执笔。全书由张同军修改并定稿。

本书实用性较强,可作为脱水工职业技能考核鉴定前的培训和自学教材,也可作为各级各类技术人员参考用书。

本书由于编写时间仓促,涉及内容广泛,难免存在错误和缺点,诚恳希望专家和广大读者批评指正。

编　者

2012 年 5 月

目　　录

第六部分　高级脱水工技能要求

第一部分
初级脱水工知识要求

第一章　选煤厂常用脱水方式

本章主要介绍选煤厂几种常用脱水方式。

目前绝大多数选煤厂都采用湿法选煤工艺,造成选煤产品带有大量水分,我国现行产品目录规定精煤水分一般不超过 12%~13%,因此,产品脱水作业是湿法选煤工艺过程中必不可少的重要环节。水分过高的煤会给储存、运输和使用造成浪费和困难,特别是在寒冷地区的冬季,湿煤外运要求精煤水分更低,应在 8%~9%以下,因此选煤厂的出厂产品必须尽量降低水分。

选煤厂常用的产品脱水方法有:重力脱水、离心脱水、过滤脱水、压滤脱水、干燥脱水等。

重力脱水:利用重力作用实现脱水的方法,如脱水斗式提升机、脱水筛、脱水仓。

离心脱水:利用离心力作用实现脱水的方法,如各式离心脱水机。

过滤脱水:利用真空抽吸使物料脱水的方法,如过滤机。

压滤脱水:利用挤压作用使物料脱水的方法,如压滤机。

干燥脱水:利用热力蒸发作用降低物料水分的方法,如火力干燥机。

煤的脱水是根据产品性质(主要是粒度)和所要求的水分分阶段进行的,选煤厂典型的脱水设备和系统如下。

块精煤:脱水筛→脱水仓。

末精煤:脱水筛→离心脱水机→干燥(用于高寒地区或特殊要求)。

中煤及矸石:脱水斗式提升机→脱水仓(特殊需要时,末、中煤也用脱水筛和离心脱水机)。

粗煤泥:脱水筛→离心脱水机→干燥(用于高寒地区或特殊要求)。

浮选精煤:过滤机、沉降过滤式离心脱水机→加压过滤机和精煤压滤机→干燥(用于高寒地区或特殊要求)。

煤泥及浮选尾煤:过滤机、沉降式离心脱水机、折带式真空过滤机和压滤机或煤泥沉淀池。

脱水方式与产品水分参考指标见表 1-1。

表 1-1　　　　　脱水方式与产品水分的参考指标

类别	产品名称	脱水及干燥方式	水分/%
脱水	块精煤	脱水筛	8～10
		脱水仓	6～7
	末精煤	脱水筛	16～18
		捞坑斗式提升机	20～24
		离心脱水机	8～10
		脱水仓	12～14
	中煤	脱水斗式提升机	20～24
		脱水筛	14～16
		离心脱水机	10～12
		脱水仓	12～14
	矸石	脱水斗式提升机	20～24
		脱水仓	12～14
	煤泥	脱水筛	24～28
		真空过滤机	24～28
		沉降式离心机	24～28
		沉降过滤式离心脱水机	20～24
		压滤机	25～30
	浮选精煤	真空过滤机	24～28
		沉降过滤式离心脱水机	20～24
		加压过滤机	16～21
		精煤压滤机	18～22
	浮选尾煤	真空过滤机	25～30
		沉降过滤式离心脱水机	25～30
		压滤机	25～30
干燥	末精煤	火力干燥机	6～7
	浮选精煤		8～9
	混合精煤		7～8

复习思考题

选煤厂常用脱水方法有哪些？

第二章　选煤厂常用脱水方法介绍

本章主要介绍几种常用的脱水方式及典型设备构造。

第一节　重 力 脱 水

重力脱水是利用水本身所受重力使煤和水自然分离的一种方法,如脱水斗式提升机、脱水煤仓等,还有利用机械振动作用使水受到挤压和惯性力的作用使煤水分离,如脱水筛等。重力脱水的方法比较简单,脱水效果差,只能脱除部分表面水分,一般多用于精煤的初步脱水或中煤、矸石、粗粒精煤的脱水。

一、脱水筛脱水

脱水筛脱水的原理基本上仍是利用水分本身的重力达到脱水的目的。物料在筛面上铺成薄层,在沿筛面运动的过程中,受到筛分机械的强烈振动,使水分很快从颗粒表面脱除,进入筛下漏斗。

筛分机械的类型很多。用于脱水的筛分机械,按其运动和结构可分为固定筛、摇动筛和振动筛三种。下面简要介绍固定筛和振动筛的特点。

1. 固定筛

固定筛固定不动,筛面倾斜安装,物料在倾斜的筛面上完全靠自重下滑,水则通过筛孔排除。固定筛主要安装在运动的脱水筛之前,进行预先脱水,以减少进入运动脱水筛的水量,提高脱水效率。固定筛又可分为缝条筛、弧形筛和旋流筛。下面简要介绍缝条筛和弧形筛的特点。

（1）缝条筛

缝条筛安装在运动的脱水筛给料溜槽上，其宽度与溜槽相等，长度一般不超过 2 m（见图 2-1），筛缝尺寸一般为 0.5～1 mm。

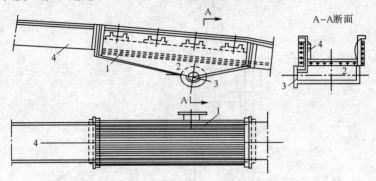

图 2-1　固定缝条筛简图

1——缝条筛筛板；2——锥形漏斗；3——煤泥水排出管；4——溜槽

缝条筛的长度对脱水有较大的影响，若长度不够，脱水效率低；若筛面太长，则脱水后的物料易在筛面上堆积，造成堵塞。缝条筛的长度一般可通过单位面积处理能力、需要排泄的总水量和溜槽的宽度确定。

（2）弧形筛

弧形筛也是一种固定脱水筛，其构造如图 2-2 所示。弧形筛的筛条由不锈钢制成，截面为长方形或梯形，筛缝宽一般为 0.5、0.75、1 mm，整个筛面由筛条水平排列成圆弧形。

弧形筛的筛孔尺寸约为实际分离粒度的 1.5～2 倍。如筛缝为 1 mm，筛下物的大部分颗粒不超过 0.5 mm。弧形筛主要用于溢流精煤产品的初步泄水、脱介，也可用于中煤、矸石的脱介和粗煤泥的回收。弧形筛的显著优点是结构简单、轻便、占地面积小、无运动部件和传动机构、处理能力大；其缺点是筛条磨损严重、筛面的安装和维护要求较高。为了延长筛面的使用寿命，不少弧形筛制成可逆转式,当前一端磨损后,可将筛面转动 180°后继续使用另一端。

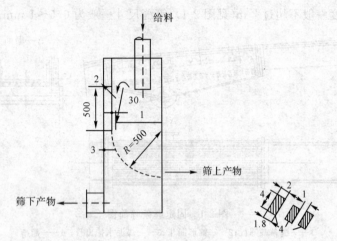

图 2-2　弧形筛的构造

弧形筛的主要规格见表 2-1。

表 2-1　　　　　　　　　　弧形筛的主要规格

名称及规格	筛宽/m	半径/m	缝隙/mm	质量/kg
脱介弧形筛	3.6	1.018	0.9	841
脱介弧形筛	1.8	1.018	0.9	380
脱介弧形筛	1.2	0.8		1 263
脱介弧形筛	1.706	0.5	0.75	420
HSR 1 018×1 580×45°	1.580	1.018	0.25;0.5;1.0	310
HSR 1 018×1 300×45°	1.30	1.018	0.25;0.5;1.0	332

2. 振 动 筛

振动筛具有工艺效果好、结构简单、操作维修方便等优点。主要型号有圆运动振动筛、直线振动筛、高频振动筛和共振筛。

直线振动筛又称双轴振动筛。其筛箱振动的轨迹是直线,筛面水平安装,物料在筛面上的移动不是依靠筛面的倾角,而是取决于振动的方向角。筛网是脱水筛的主要工作部件,常用的筛网有板状筛网、编织筛网和缝条筛网等。

物料在直线振动筛筛面上的脱水过程,通常分三个阶段。第一阶段为初步脱水;第二阶段为喷洗;第三阶段为最终脱水。喷水的目的是冲洗掉混在产品中的细泥,既降低灰分又降低水分。

3. 脱水斗式提升机

脱水斗式提升机通常兼有脱水和运输双重作用,可作为最终脱水设备,也可作为初步脱水设备。对于大块物料及水分要求不太严格的产品,如跳汰分选作业的中煤、矸石可用脱水斗式提升机直接作为最终脱水设备,获得最终出厂产品。对粒度较细、或脱水不太容易、水分又要求比较严格的产品,脱水斗式提升机可作为初步脱水设备。如粗煤泥回收作业中,捞坑沉淀的煤泥可先经脱水斗式提升机初步脱水,再进一步用脱水筛和离心脱水机作最终脱水。

脱水斗式提升机的构造如图 2-3 所示。它是由机头 1、机尾 2、斗链 3、导轨 4、机壳 5、机架 6 和捕捉器 7 等七个部分组成。斗链绕过机头的星轮和机尾的滚轮形成无极循环的牵引机构。电动机通过减速器经链轮使装在主轴上的星轮转动,拖动斗链在导轨上运行。

斗式提升机的机身倾斜安装,以免上面一个提斗泄出的水落入下一个提斗中。在提斗上开有圆孔或矩形孔用来泄水。为了得到较好的脱水效果,提斗里的物料最好不要装得过满,斗链运动速度不可太快,而且在提斗离开水面后要有一定的脱水时间,也就是要有一定的高度。

4. 脱水仓

选煤厂生产的粗粒精煤、中煤、矸石经脱水筛或脱水提升机初步脱水后,产品水分仍高,常需用脱水仓进一步脱水,以达到最终产品的水分要求。脱水仓的工作原理属于重力泄水,产品中带的水借本身的重力作用透过物料层自然泄出。

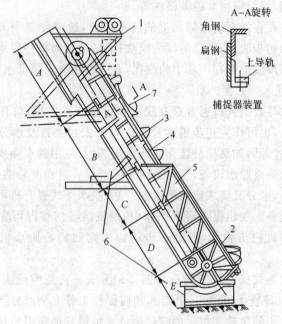

图 2-3 脱水斗式提升机的基本构造图

1——机头；2——机尾；3——斗链；4——导轨；5——机壳；6——机架；7——捕捉器

图 2-4 为脱水仓示意图。通常，脱水仓兼作装车仓使用。

脱水仓中的脱水过程是由各层同时开始的，但上层泄出的水必须通过全部煤层，所以脱水仓越高，脱水时间越长。通常按照选煤厂的实际情况，尽可能使脱水仓占有较大的容积，然后视所需容积大小来决定其高度。

脱水效果随脱水时间的延长而有所提高，但过分延长脱水时间，会影响煤仓的使用周转率，故在选煤厂中，小于 13 mm 的细粒煤，不宜采用煤仓脱水。

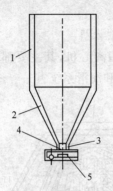

图 2-4　脱水仓

1——上部仓壁；2——下部仓壁；3——排料口；4——筛板；5——溜槽

第二节　离心脱水

在重力场中进行的脱水，其效果受含水物料的性质影响较大，为了提高物料的脱水效果，人们又成功研制了根据离心力原理制作的离心脱水机。用离心力来分离固体和液体的过程称为离心脱水过程。用以实现离心脱水所用的设备通称为离心脱水机。离心脱水机主要分为离心过滤式和离心沉降式两大类。过滤式主要用于较粗颗粒物料的脱水，如末精煤和粗煤泥的脱水；沉降式主要用于细颗粒物料的脱水，如浮选精煤、尾煤和细煤泥的脱水。也有两种兼有的离心沉降过滤，多用于浮选产品的脱水或煤泥回收。

一、过滤式离心脱水机

离心过滤是把所处理的含水物料加在转子的多孔筛面上，由于离心力的作用，固体在转子筛面上形成固体沉淀物，液体则通过沉淀物和筛面的孔隙而排出。由于液体是通过物料的孔隙排出，而脱水物料的粒度组成影响着孔隙的大小，所以，脱水效果受粒度组成的影响很大。

1. 刮刀卸料离心脱水机

图 2-5 是 LL—9 型离心机,其主要部件有:筛篮、刮刀转子、给料分配盘、传动系统和润滑系统。

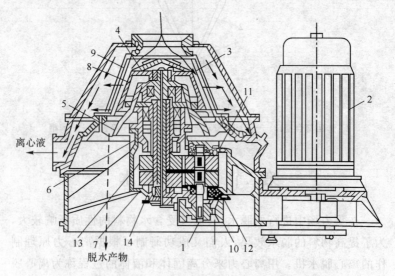

图 2-5　LL—9 型螺旋刮刀卸料离心脱水机

1——中间轴;2——4 电动机;3——筛篮;4——给料分配盘;5——钟形罩;

6——空心套轴;7——垂直心轴;8——刮刀转子;9——筛网;

10——皮带轮;11、12、13、14——斜齿轮

筛篮是离心脱水机的工作面,必须保证内表面呈圆形,才能保证筛面与螺旋刮刀之间的间隙。筛篮上的筛条顺圆周方向排列,筛条缝隙通常为 0.5～0.35 mm。较小的筛缝,可减轻筛条的磨损,延长筛面的寿命,并减少离心液中的固体含量。因此,在保证水分的前提下应尽量减小筛缝。

刮刀卸料离心脱水机的技术特征见表 2-2。

表 2-2 刮刀卸料离心脱水机的技术特征

项目	型号	
	LL—99	LL$_3$—9
入料粒度/mm	<13	<13
生产能力/t	50	100
产品水分/%	7~12	7~12
筛面面积/m^2	1.1	1.1
筛网缝隙/mm	0.5	
筛篮大端直径/mm	930	930
筛面倾角	70°15′	70°15′
筛篮转速/(r/min)	558	558
螺旋转子转速/(r/min)	551	551
分离因数	162	162
电动机功率/kW	40	40
外形尺寸(长×宽×高)/mm	2 785×2 045×2 298	2 785×2 045×2 298

2. 振动卸料离心脱水机

振动卸料离心脱水机适用于 0~13 mm 的物料脱水。振动卸料离心脱水机的传动机构使筛篮一方面绕轴做旋转运动,另一方面又沿该轴做轴向振动,因此,强化了物料的离心脱水作用,并促使筛面上的物料均匀地向前移动。物料层在抖动时,还有助于清理过滤表面,防止筛面被颗粒堵塞,减轻物料对筛面的磨损。由于具有以上特点,使振动卸料离心脱水机得到了日益广泛的应用。

振动卸料离心脱水机又分卧式和立式两种。

下面以 WZL—1000 型为例来介绍卧式振动离心脱水机的构造。

WZL—1000 型卧式振动离心脱水机由工作部件、回转系统、振动系统和润滑系统四大部分组成。其构造如图 2-6 所示。筛篮 1 由主电动机 8 通过胶带轮 9、17 带动回转。激振用电动机 16 经胶带传动,并通过一对齿轮使装在机壳 5 上的四个偏心轮 10(不平衡重)做相对同步回转,从而使机壳产生轴向振动。机壳的振动通过冲击板 12、缓冲橡胶弹簧 11、短板弹簧 13 传到主轴套 3 和轴承座,并通过轴承 14 传给主轴 15 和筛篮 1,使筛篮产生轴向的振动。物料由给料管 2 给入筛篮,并在离心力和轴向振动力的综合作用下,均匀地向前移动。脱水后的物料从筛篮前面落入卸料室,并由此进入机底的排料槽中,离心液由机壳收集,经排出室排出。

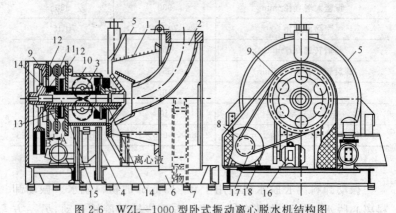

图 2-6　WZL—1000 型卧式振动离心脱水机结构图

1——筛篮;2——给料管;3——主轴套;4——长板弹簧;5——机壳;

6——机架;7——橡胶弹簧;8——主电动机;9——胶带轮;10——偏心轮;

11——缓冲橡胶弹簧;12——冲击板;13——短板弹簧;14——轴承;

15——主轴;16——激振用电动机;17——三角胶带

二、沉降式离心脱水机

1. 沉降离心脱水机工作原理

离心沉降是把固体和液体的混合物加在筒形(或锥形)转子中,由于离心力的作用,固体在液体中沉降,沉降后的物料进一步受到离心力的挤压,挤出其中水分,以达到固液分离的目的。

　　沉降式离心脱水机在选煤厂主要用于含泥较多的原生煤泥、浮选尾煤和浮选精煤的脱水,以及洗水的澄清。其入料粒度上限一般为 1～3 mm,但有时可达 13 mm。这种离心机既能够在入料浓度较低的情况下工作,又可用于处理经过浓缩的浓度达 300～500 g/L 的煤浆。

　　沉降式离心脱水机的工作原理如图 2-7 所示。需进行固液分离的混合物由中心给料管 5 给入,在轴壳内初步加速后,经螺旋转子 2 上的喷料口 6 进入分离转筒内。因物料密度较大,在离心力作用下,被甩到转筒筒壁上,形成环状沉淀层。再由螺旋转子将其从沉淀区运至干燥区,进一步挤压脱水,然后由沉淀物排出口 3 排

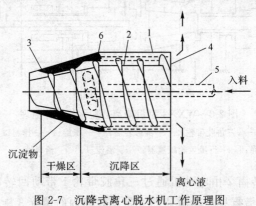

图 2-7　沉降式离心脱水机工作原理图
1——外转筒;2——螺旋转子;3——沉淀物排出口;
4——溢流口;5——中心给料管;6——喷料口

出。在沉淀物形成过程中,外转筒 1 中的液体不断澄清,并连续向溢流口流动,最终从溢流口 4 排出,实现了固液分离。物料在机中的脱水过程由两个阶段组成。第一阶段为离心沉降阶段,固体颗粒在沉降区受离心力作用进行沉降,形成沉淀层;第二阶段为挤压脱水区,由于螺旋转子的挤压作用,挤出沉淀物间隙中的残余水分。第一阶段为主要脱水阶段。

2. 沉降式离心脱水机的构造

沉降式离心脱水机的种类很多,按其入料方式可分为顺流式和逆流式两种。这两种脱水机的工作原理基本相同,只是一些结构参数有差别。如顺流式入料从转筒大端给入,沉淀物与澄清水同向运动,澄清水再返回从大端溢流排出;逆流式入料从中部给入,沉淀物与澄清水做相反方向运动。下面以 WX—1 型沉降离心脱水机为例,介绍其构造及工作原理,见图 2-8 所示。

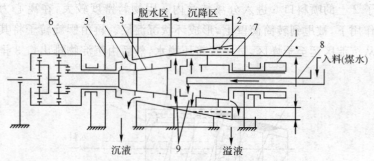

图 2-8   WX—1 型沉降离心脱水机工作原理

1——三角胶带轮;2——锥形转筒;3——螺旋;4——排料口;
5——外壳;6——行星齿轮减速器;7——溢流口;8——给料管;9——喷料口

锥形转筒 2 由电动机通过三角胶带轮 1 带动回转,当锥形转筒回转时,借行星齿轮减速器 6 带动转筒内的螺旋 3 旋转,转筒与螺旋回转方向相同,螺旋比转筒慢 2%。煤水由给料管 8 给入,经螺旋 3 上的喷料口 9 进到转筒内,在离心力的作用下,煤水形成环状的沉降区,密度较大的固体颗粒即附在转筒内壁上逐渐形成沉淀层。当连续给入煤水时,转筒内的环状液体不断向溢流口 7 流动,并从溢流口排出澄清后的溢流水。已形成沉淀层的沉渣,借螺旋与转筒的相对运动沿转筒内壁运动,在脱水区进一步进行脱水,直至转筒小端,从排料口 4 排出。

沉降式离心脱水机用以澄清含有末煤或煤泥的煤泥水,以获得水分较低的浓缩产物。在我国,沉降式离心机仅用于浮选尾煤的脱水,它没有附属设备,和附属设备较多的真空过滤机相比,显出一定的优越性。但是,沉降式离心脱水机脱水产物的水分比真空过滤机高,离心液的固体损失较大,特别是由于高速运转,对机器制造、安装和维护的要求均较高。

三、沉降过滤式离心脱水机

沉降过滤式离心脱水机是在沉降式离心机的基础上,发展起来的一种新型脱水设备。在结构上,它是沉降式离心机和一个过滤式离心机的组合,因而,它兼有两者的优点。我国在借鉴国外同类机型的基础上研制了 WLG—900 型沉降过滤式离心脱水机,用于浮选精煤脱水。

下面以 WLG—900 型(图 2-9)为例,介绍沉降过滤式离心脱水机的构造及工作原理。

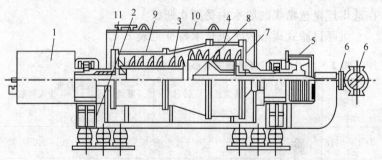

图 2-9 WLG—900 型沉降过滤式离心脱水机结构

1——行星齿轮减速器;2——机架;3——螺旋转子;4——转鼓;
5——传动装置及润滑系统;6——入料管;7——溢流口;8——喷料口;
9——滤网;10——外壳;11——固体排料口

沉降过滤式离心脱水机构造除转筒与沉降式离心脱水机不同外,其他结构大同小异。沉降过滤式离心脱水机转筒由圆柱—圆锥—圆柱三段焊接组成。转筒的大端为溢流端,端面上开有溢流口,并设有调节溢流口高度的挡板;转筒的小端为脱水后产品排出端。脱水区筒体上开设筛孔,脱水区进一步脱除的水分可通过筛孔排出。

矿浆经给料管给入离心脱水机转鼓锥段中部,依靠转鼓高速旋转产生的离心力,使固体在沉降段进行沉降,并脱除大部分水分。沉降至转鼓内壁的物料,依靠与转鼓同方向旋转,但速度低于转鼓5％的螺旋转子推到离心过滤脱水段。在离心力作用下,物料进一步脱水,脱水后的物料经排料口排出。由溢流口排出的离心液含有少量微细颗粒。由过滤段排出的离心液,通常含固体量较高,需进一步处理。

沉降过滤式离心脱水机沉淀物的水分约比沉降式离心脱水机低一半。这种离心机常用于浮选精煤、浮选尾煤和旋流器底流的脱水。沉降过滤式离心脱水机比选煤厂广泛应用的真空过滤机滤饼水分低5％～7％,所需功率消耗却比真空过滤机低20％,因此,在选煤厂浮选精煤的脱水中受到欢迎。

沉降过滤式离心脱水机技术特征见表2-3。

表 2-3　　　沉降过滤式离心脱水机技术特征

型号	规格	转筒最大内径/mm	转筒长度/mm	转速/(r/min)	筛缝/mm	入料粒度($-44\mu m$比例)/％	入料浓度/(g/L)
TCL—0918	$\phi915\times$1 830	915	1 830	700～1 600	0.3～0.35	15～20	200～270
TCL—0924	$\phi915\times$2 440	915	2 440	700～1400	0.3～0.35	15～20	200～270
TCL—1134	$\phi1\ 120\times$3 350	1 120	3 350	700～1 150	0.3～0.35	15～20	200～270
TCL—1418	$\phi1\ 370\times$1 780	1 370	1 780	300～900	0.25～0.35	17～25	250
SVS—800×1300	$\phi800\times$1 300	800	1 300	1 010～1 280	0.2～0.3		
WLG—900	$\phi900\times$1 700	900	1 700	800,900,1 000	0.2～0.25	20	230～270

型号	处理物料	矿浆处理量/(m³/h)	处理能力/(t/h)	最大处理能力/(t/h)	产品水分/%	固体产率/%	溢流固体量/%	外形尺寸/mm			总质量/t
								长/mm	宽/mm	高/mm	
TCL—0918	浮选精煤	200	10～20	25	15～20	95～97	2～3	4 040	3 500	1 470	8
TCL—0924		200	15～25	35	15～20	95～98	2～3				10
TCL—1134		400	35～50	60	15～20	97～98	2～3	9 600	2 900	1 860	17
TCL—1418		250	35～60	100	12～20	80～90	3～7	4 690	4 160	1 900	15
SVS—800×1300											8.61
WLG—900			15～20								11.788

第三节　真空过滤脱水

一、真空过滤脱水原理

粗粒物料和粗煤泥可用脱水筛、离心脱水机等设备进行固液分离,但对－0.5 mm 的物料,上述设备均不能发挥作用,需用过滤才能使固液分离。对于水分要求不严格或运往天气不太寒冷地区的产品,过滤可作为其最终脱水作业。经过滤的细粒精煤可以和块精煤互相掺混,运往用户所在地。对于水分要求严格或运往寒冷地区的产品,过滤后还需进一步再脱水。在多孔的隔膜上,利用隔膜两边的压力差将煤浆中的固体和液体分开的过程称为过滤(见图 2-10)。

隔膜两边的压力差是过滤过程的推动力。过滤的压力差可以采用不同的方法来达到,这些方法有正压过滤、真空过滤和离心力

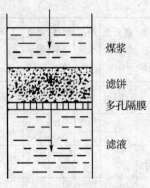

图 2-10 过滤过程

过滤等三种。在选煤厂中,真空过滤和离心力过滤用得最多。

二、圆盘式真空过滤机

选煤厂中的圆盘式真空过滤机主要用于过滤浮选精煤,也可用于过滤煤泥或浮选尾煤。

1. PG 型盘式真空过滤机

盘式过滤机的过滤器是由若干个扇形过滤板组成。扇形过滤板用滤布包覆,并固定在空心轴上,空心轴上的滤液孔与滤板空腔相通,轴端与过滤机的分配头相接,分配头起抽气和吹气等换气作用。

图 2-11 是圆盘式真空过滤机的工作原理图。过滤板放在槽体中,槽中煤浆的液面在空心轴的轴线以下,过滤板顺时针转动,依次经过过滤区(Ⅰ)、干燥区(Ⅲ)和滤饼脱落区(Ⅴ)。当过滤板处在过滤区时,它与真空泵相连接,在真空泵的抽气作用下,煤浆附在滤布的表面上,并进行过滤;当过滤板处在干燥区时,它仍与真空泵相连,由于这时过滤板已离开煤浆,所以,其抽气作用只是让空气通过滤饼,将孔隙中的水分带走,使之进一步脱水;在过滤板处于滤饼脱落区时,它转而与鼓风机相连,利用吹风将滤板上的

滤饼吹下。在这三个工作区的中间,均有过渡区(Ⅱ、Ⅳ、Ⅵ),过渡区是死带,其作用是防止过滤板从一个工作区转入另一个工作区时互相串气。如果出现串气,过滤效果会大大降低。过渡区应当有适当的大小。

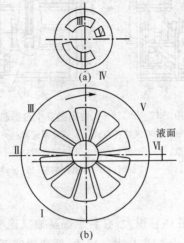

图 2-11 圆盘式真空过滤机工作原理图

(a) 分配头;(b) 过滤

Ⅰ——过滤区;Ⅱ、Ⅳ、Ⅵ——过渡区;Ⅲ——干燥区;Ⅴ——脱落区

2. GP 型圆盘式真空过滤机

目前,我国选煤厂使用的大部分是 PG116—12 型和 PG58—6 型圆盘式真空过滤机(图 2-12)。长期的生产实践表明,这种产品脱水效果差,滤饼脱落率低、水分高,处理能力小,吹风噪声大,机械维修量大,不能满足我国现代化选煤厂生产的需要。为解决圆盘式真空过滤机的更新换代问题,设计研制了 GP 型圆盘式真空过滤机系列产品。GP 型圆盘式真空过滤机结构见图 2-13 所示。

GP 型圆盘式真空过滤机主要技术特点如下:

(1) 采用刮刀卸料,滤饼脱落率高,由于不设吹风装置同时降

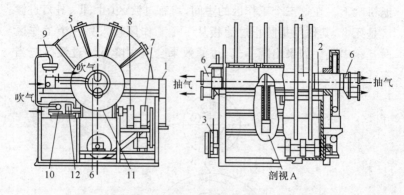

图 2-12　PG58—6 型圆盘真空过滤机

1——槽体；2——轮叶式搅拌器；3——蜗轮减速器；4——空心主轴；
5——过滤圆盘；6——分配头；7——无级变速器；8——齿轮减速器；
9——风阀；10——控制阀；11——蜗杆蜗轮；12——蜗轮减速器

低了噪声。

（2）分配头腔体容积大，有利于提高抽气速率和滤液的排放。滤扇浸入煤浆时，分配头与大气相通，滤扇内空气外排而不通真空泵，减少真空泵的耗气量，有利于提高真空泵的真空度。

（3）滤饼在干燥区的末端，由一端分配头进少量空气，另一端继续接通真空泵，借助于气流的作用加速排出滞留在滤液管中剩余的滤液，有利于降低滤饼水分。

（4）滤液管设置在主轴外，滤液管径大，滤液过流面积大，减少了真空泵的能耗，提高了真空泵的抽气速率。

（5）采用小夹角（18°）的滤扇，增大滤扇扇柄的厚度及排液口直径，使扇面各点的滤饼厚度、水分和气耗量分布均匀，从而提高了过滤机的处理能力，降低了滤饼水分和气耗量。

（6）采用滤布自动清洗，保持过滤介质良好的透气性，有利于滤扇上饼和过滤脱水。

GP 型圆盘式真空过滤技术特征见表 2-4。

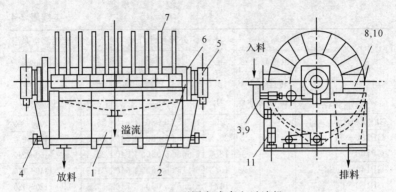

图 2-13 GP 型圆盘式真空过滤机

1——槽体；2——主轴；3——主轴传动装置；4——搅拌器；5——分配头；

6——主轴承；7——过滤圆盘；8——卸料刮刀；9——滤布清洗装置；

10——圆盘滑橇；11——润滑油泵

表 2-4   GP 型圆盘式真空过滤机技术特征

型号	过滤面积 /m²	过滤盘数 /个	处理能力 /[(t·m²) /h]	滤液含水率 /%	滤液含固量 /(g/L)	过滤盘		电动机	
						直径 /mm	转速 /(r/min)	转速 /(r/min)	功率 /kW
GP200—10	200	10							
GP180—9	180	9							7.5
GP160—8	160	8				400			
GP140—7	140	7							
GP120—6	120	6							
GP120—10	120	10	>0.22	≤24	30≤		0.125～1.25	125～1 250	5.5
GP108—9	180	9							
GP96—8	96	8				3 100			
GP84—7	84	7							
GP72—6	72	6							4
GP60—5	60	5							

型号	搅拌器			过滤槽容积/L	外形尺寸/mm			设备质量/t	配用真空泵	
	转速/(r/min)	电机减速器			长	宽	高		真空度/MPa	抽气量/(m³/min)
		转速/(r/min)	功率/kW							
GP200—10				23	7 765	5 080	4 640	26.7		200～300
GP180—9			5.5	20.8	7 215	5 080	4 640	24.7		180～270
GP160—8				18.5	6 665	5 080	4 640	22.8		160～240
GP140—7				16.3	6 115	5 080	4 640	21.5		140～210
GP120—6	41.5～50	83	4	14.1	5 565	5 080	3 740	19.8	0.05～0.073	120～180
GP120—10				14.5	6 625	4 205	3 740	19		120～180
GP108—9				13.1	6 175	4 205	3 740	18		108～162
GP96—8				11.7	5 725	4 205	3 740	17		96～144
GP84—7				10.1	5 275	4 205	3 740	16		84～126
GP72—6			3	8.8	4 825	4 205	3 740	15.5		72～08
GP60—5				7.5	4375	4 205	3 740	15		60～90

三、过滤系统及辅助设备

1. 过滤系统

真空过滤机的运行还需要有一些辅助设备,如真空泵、压风机、气水分离器等。真空过滤机与辅助设备之间的连接方式称为过滤系统。常用的过滤系统有三种:一级过滤系统、二级过滤系统、自动泄水仪。

在一级过滤系统中,只用一个气水分离器,滤液和空气由于真空泵造成的负压被抽到气水分离器中,空气由气水分离器的上部排走,滤液从气水分离器的下部排出。由于气水分离器在负压下工作,要使滤液从气水分离器中排出,其滤液排出口和滤液池液面之间必须有 9 m 以上的高差。为防止空气进入气水分离器,滤液流出的管口必须设有水封。

二级过滤系统中有两个气水分离器,过滤机可以安放在较低位置,连接过滤机的气水分离器也在较低的位置。该气水分离器上

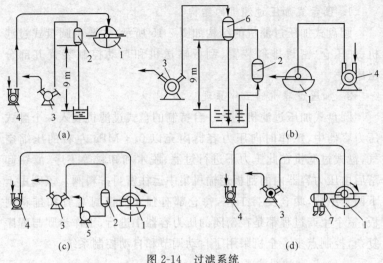

图 2-14　过滤系统

(a)、(c) 一级过滤系统;(b) 二级过滤系统;(d) 自动泄水仪

1——过滤机;2——气水分离器;3——真空泵;4——鼓风机;

5——离心泵;6——二级气水分离器;7——自动泄水仪

部排出的气体再进入安放在较高位置的二级气水分离器,二级气水分离器的气体由真空泵抽走。由于二级气水分离器位置较高,即使一级气水分离器在较低位置,也不至于影响真空泵的工作。

在图 2-14(d)中,安装了自动排液装置,滤液能自动排出,分离器安装位置可以不受标高的限制,气水分离效果较好。但自动卸水装置内各零部件应定期检查维修,尤其是连杆销子和阀门等最易损坏,如不及时处理,必然会影响气水分离效果。

四、加压过滤机

加压过滤机是一种高效的细粒物料脱水设备。它不仅具有优良的技术性能,而且是融合多项专利技术实现集中控制、自动调整的高新技术产品。其特点是连续工作、处理量大、产品水分低、电耗低。

1. 圆盘式加压过滤机的结构

圆盘式加压过滤机的结构如图 2-15 所示,主要由圆盘式过滤机、加压仓、密封排料装置、刮板输送机和自动控制装置五部分组成。

2. 加压过滤机的工作原理

圆盘式加压过滤机是将一台特制的盘式过滤机装入一个卧式压力容器中,工作时向压力容器内充以 0.3 MPa 左右的压缩空气,盘式过滤机在此压力下进行过滤、脱水和卸料等工序,滤饼卸落后由压力容器内的刮板运输机集中运往密封排料阀。该阀由上下两仓组成,两仓交替工作,每仓都有独立的密封装置和排料闸板,整个生产过程都是在密闭的压力容器中进行,工作步骤与程序复杂,控制点多。全机采用了自动调节和自动控制系统。

3. 加压过滤机主要特点

(1) 生产能力高

由于过滤渣层两侧的压差增加,使生产能力得到了提高。在通常情况下,生产率可达 $300\sim800$ kg/(m^2·h),比真空过滤机的生产效率高 $4\sim8$ 倍。

(2) 产品水分低

浮选精煤脱水在工作压差 0.25 MPa 时,滤饼水分为 $19\%\sim21\%$;在工作压差 0.3 MPa 时,滤饼水分为 $16\%\sim19\%$,比真空过滤机的滤饼水分降低 $10\%\sim13\%$。

(3) 能耗低

加压过滤机在工作压差为 0.25 MPa 时,处理浮选精煤,其吨煤电耗只有真空过滤机的 $1/4\sim1/3$ 左右,节约了大量电能,具有显著的经济效益。

(4) 全自动化操作

全机启动、工作、停止以及特殊情况下短时等待均为自动操作;液位、料位、排料周期自动调整和控制;具有自动报警及停止运

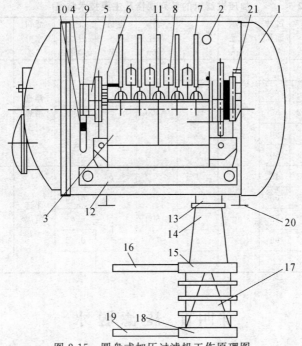

图 2-15　圆盘式加压过滤机工作原理图

1——加压仓;2——视镜;3——过滤机;4——反吹;5——轴承座;6——主轴;

7——滤盘;8——搅拌器;9——分配头;10——滤液管;11——卸料刮刀;

12——刮板机;13——法兰;14——密封排料阀上仓;15——密封排料阀上闸板;

16——密封排料阀上油缸;17——密封排料阀下仓;18——密封排料阀下闸板;

19——密封排料阀下油缸;20——加压仓鞍座;21——主轴电机

转等安全装置。根据工作状态变化和用户需要,自动程序可以很容易地进行调整。

(5)滤液浓度低

通常情况为 5~15 g/L。

(6)噪声低

加压过滤机的系列规格及主要技术特征见表 2-5。

表 2-5　　　　加压过滤机的系列规格及主要技术特征

型号	过滤面积/m²	滤盘直径/mm	滤盘数/个	仓体直径/mm	电机功率/kW	工作压力/MPa	滤饼水分/%	生产率/[kg/(m²·h)]
GPJ10.2	10		2		4.0	0.45		
GPJ20.2	20		4			0.45		
GPJ30.2	30	2 000	6	3 400		0.45	浮选精煤<20	300~800
GPJ40.2	40		8		5.5	0.45		
GPJ50.2	50		10			0.45		
GPJ48.3	48		4		5.5	0.45		
GPJ60.3	60		5			0.45		
GPJ72.2	72	3 000	6	4 600		0.45	浮选精煤<20	300~800
GPJ96.2	96		8		7.5	0.45		
GPJ20.3	120		10			0.45		

第四节　压滤脱水

压滤机是浮选尾煤进行脱水处理的常用设备。浮选尾煤的特点是粒度细、黏度大、细泥多,采用一般的脱水机械均不能满足脱水要求。由于真空过滤机是靠负压工作的,压力的上限值受大气压的限制,所以过滤的推动力不大,而压滤机是靠正压力工作的,只要机器允许,其压力可达 1 MPa,甚至更高。另外压滤机使用的滤布大都较细,因而压滤液的浓度也较低。压滤机处理细黏物料比真空过滤机有优势。

压滤机按其工作的连续性可以分为连续型和间歇型两类。连续型压滤机入料和排料同时进行,如带式压滤机。间歇型压滤机是在进料一段时间后停止工作,将滤饼排出,完成一个循环后再重新进料,如厢式压滤机。所有的压滤机都是在一定压力下进行操作的设备,适用于黏度大、粒度细、可压缩的各种物料。压滤机在选煤厂中主要用于浮选尾煤的脱水。

一、厢式压滤机

厢式压滤脱水(简称压滤脱水)是借助泵或压缩空气,将固、液两相构成的矿浆在压力差的作用下,通过过滤介质(滤布)而实现固液分离的一种脱水方法。

1. 厢式压滤机的构造

厢式压滤机一般由固定尾板、活动头板、滤板、主梁、液压缸体和滤板移动装置等几部分组成。固定尾板和液压缸体固定在两根平行主梁的两端,活动头板与液压缸体中的活塞杆连接在一起,并可在主梁上滑行。其结构如图 2-16 所示。

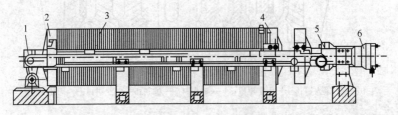

图 2-16　XMY340/1500—61 型压滤机结构图

1——滤板移动装置;2——固定尾板;3——滤板;

4——活动头板;5——主梁;6——液压系统

2. 压滤机的工作原理

压滤机的工作原理如图 2-17 所示。当压滤机工作时,由于液压油缸的作用,将所有滤板压紧在活动头板和固定尾板之间,使相邻滤板之间构成滤室,周围是密封的。矿浆由固定尾板的入料孔以一定压力给入。在所有滤室充满矿浆后,压滤过程开始,矿浆借助给料泵给入矿浆的压力进行固液分离。固体颗粒由于滤布的阻挡留在滤室内,滤液经滤布沿滤板上的泄水沟排出。经过一段时间以后,滤液不再流出,即完成脱水过程。此时,可停止给料,通过液压操纵系统调节,将头板退回到原来的位置,滤板移动装置将滤板相继拉开。滤饼依靠自重脱落,并由设在下部的皮带运走。为了防止滤布孔眼堵塞,影响过滤效果,卸饼后滤布需经清洗。至此,完成了整个压滤过程。

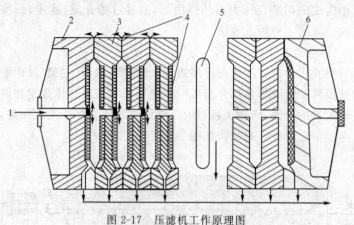

图 2-17 压滤机工作原理图

1——矿浆入口;2——固定尾板;3——滤板;4——滤布;5——滤饼;6——活动头板

二、隔膜式快速压滤机

该压滤机是针对浮选精煤脱水难而开发的一种新型压滤机,是在传统厢式压滤机的基础上改进而成。其结构与传统压滤机相似,但压滤工艺不同。该压滤机亦适用于浮选尾矿或未浮选过的原煤泥压滤脱水。该机有如下特点:

(1)改进压滤机结构,增加脱水功能,即在精煤压滤机上能同时实现高压流体进料初次过滤脱水、滤饼二次挤压压榨脱水与压缩空气强气流风吹滤饼三次脱水,强化物料脱水。

(2)解决因浮选精矿浓度低(一般 160～250 g/L)(而尾矿压滤机入料一般为浓缩机底流,浓度为 500 g/L 左右)且含有大量泡沫,易产生气蚀现象问题,即解决泡沫矿浆的泵压困难问题,最大限度地降低动力消耗。

（3）克服传统尾矿压滤机因机型大、单块滤饼体积大、不易破碎、单循环时间长、间断集中装卸，难以保证总精煤质量均匀和易产生运输事故的缺点，即要求压滤速度快。

（4）努力降低精煤水分，提高滤饼脱落效果。

（5）产生可以直接进入循环水系统的低浓度滤液，克服真空过滤机因滤液浓度高，必须返回浮选，导致浮选效果恶化的缺点。

压榨板部件是该快速压滤机的关键过滤元件，它由滤板、压榨隔膜板、滤布、滤液管等组成，如图 2-18 所示。压榨板的主要特点是在普通压滤板的两侧增加双面橡胶隔膜，同时增加压榨风进风双通道。快速压滤脱水工作过程原理如图 2-19 所示。

隔膜快速压滤机脱水工艺系统示意图如图 2-20 所示

隔膜快速压滤机结构及工艺特点如下：

（1）设备机械结构设计上采用无中间支腿大梁，彻底解决滤饼、滤液二次混污问题；

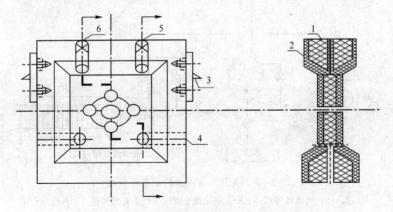

图 2-18　精煤压榨板结构示意图

1——滤板；2——压榨板隔膜；3——把手；4——滤液管；5、6——风管

（2）滤板采用双面隔膜，强化压榨脱水功能；

（3）采用各自独立的多气道进风装置，提高进气速度，减少气

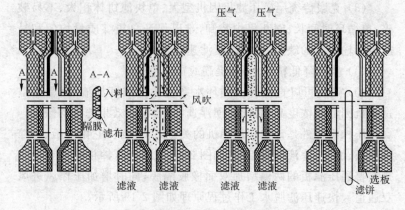

图 2-19 快速压滤脱水工作过程原理图

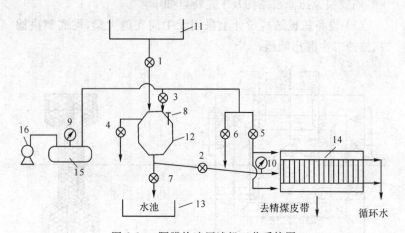

图 2-20 隔膜快速压滤机工艺系统图

1、2、4——气动蝶阀;3、5、6——电磁截止阀;7——手动闸阀;8——料位计;

9、10——压力表;11——浮选精矿槽;12——料罐;13——水池;

14——精煤压滤机;15——风包;16——压风机

道堵塞问题;

（4）采用超高分子聚乙烯滤板,减轻机体质量,延长过滤介质

寿命;

（5）采用高压风快速满压入料,取代传统泵压力递增式入料;采用入料过滤、吹风、压榨三级过滤取代单纯的入料过滤,从而实现快速过滤、快速脱饼、快速卸料的三快高效过滤工艺;

（6）压滤过程液、气、机全部实现 PC 程序控制,确保系统稳定可靠运行。

厢式压滤机主要技术特征见表 2-6。

表 2-6　　　　　　　　　　厢式压滤机主要技术特征

项目	机型			
	XMZ340/1500	XMZ500/1500	XMZ800/2000	XMZ1050/2000
滤板外形尺寸（长×宽×高）/mm	1 500×1 500×60	1 500×1 500×60	2000×2 000×68	2 000×2 000×68
滤板数量/块	92～95	136～139	115～120	150～156
总过滤面积/m²	340～350	500～510	800	1 050～1 100
滤室厚度/mm	30	30	35(32)	35(32)
滤室总容积/m³	5.23～5.45	7.7～7.9	14.3(13.6)	18.6(17.7)
压紧滤板方式	单油缸顶紧	单油缸顶紧	四油缸同步拉紧	四油缸同步拉紧
传动形式	电液式	电液式	电液式	电液式
配用电机功率/kW	5.5	5.5	20	20
外形尺寸（长×宽×高）/mm	10 000×2 620×3 487	12 020×2 620×3 487	14 310×3 450×5 246	16 910×3 450×5 246
机器质量/t	60	74.53	163.35	195.5(199)

第五节 热 力 干 燥

湿法选煤的显著特点是选后产品含有较高的水分,虽经机械脱水,但选后精煤的水分仍是很高。如末精煤经离心脱水机脱水后,其水分为 8%～10%。浮选精煤水分就更高,浮选精煤经圆盘真空过滤机脱水后,其水分仍在 26%～28%之间,有的厂甚至达到 30%。

精煤水分高,对产品的质量、产品的运输和储存都是不利的。研究表明,只有当煤的外在水分低于 5%～6%时,才没有冻结的可能。若超过这个水分,在冬季运输必须采取防冻措施。选煤厂没有设置干燥工艺之前,曾采用撒锯木屑、生石灰,车厢刷油、涂蜡和添加防冻剂等措施。

随着机械化采煤的比例不断提高,浮选精煤的比例越来越大。这部分精煤粒度细、水分高,因此,仅仅依靠湿煤防冻措施是不行的。为了保证用户对产品水分的要求,便于产品的运输和储存,必须进行进一步的脱水。

利用热能从物料中除去少量水分的操作称为干燥。在选煤厂,常用的干燥方法是以煤燃烧产生的高温烟气作为热介质,加热精煤,使精煤中水分汽化,达到降低精煤水分的目的。

热烟气干燥精煤有两种方式:一种是热烟气直接与湿精煤接触,称直接干燥;另一种是热烟气与湿精煤不直接接触,而是热烟气通过固体面(器壁)传热给湿精煤,称为间接干燥。

选煤厂对精煤的干燥形式大致有末精煤单独干燥、浮选精煤单独干燥、末精煤和浮选精煤混合干燥三种形式。浮选精煤粒度细、水分高、黏性大,单独干燥易结团,影响产品水分。末精煤和浮选精煤混合干燥可解决结团弊端,提高了干燥效果。所以,大部分选煤厂均采用末精煤和浮选精煤混合干燥的方式。但是,在末精煤和浮选精煤混合干燥时,人为地加入大量水分为 8%～10%的末精煤,其量与浮选精煤之比为 3∶1～4∶1,使得被干燥精煤数量增加,所需干燥设备增多,增加热量消耗,干燥费用增加。由于末精煤经离心脱水机脱水后,基本可以达到水分要求,所以各选煤厂都不对末精煤进行单独干燥。

干燥作业是选煤厂产品脱水作业中最后一道工序,其目的是进一步降低精煤的含水量,满足用户和运输的要求。但是,在干燥过程中要消耗大量的热能,因而,热力干燥成为一种昂贵的脱水方法。排除水量越多,热量的消耗就越大,干燥费用也就越高。因此,目前只有在东北、西北和华北等寒冷地区的选煤厂采用热力干燥。

干燥机是干燥脱水作业中的主要设备,物料的干燥脱水就是在干燥机中进行的。干燥机的类型很多。如按干燥介质的种类进行分类有空气干燥机、热烟气干燥机和红外线干燥机等;按操作方法进行分类有间歇式干燥机和连续式干燥机;按气体与物料运动方向进行分类有顺流式干燥机、逆流式干燥机和复流式干燥机;按气体与物料间传热情况进行分类有直接传热干燥机、间接传热干燥机;也可以根据干燥机的形状及物料的运行情况分为膛式干燥机、管式干燥机、滚筒式干燥机、井筒式干燥机、沸腾床层式干燥机、螺旋式干燥机和振动式干燥机等。

目前,国内常用的干燥机有滚筒式干燥机、管式干燥机、井筒式干燥机、沸腾床层式干燥机和螺旋式干燥机。下面简要介绍滚筒式干燥机的特点。

滚筒式干燥机是应用颇多的一种干燥机。滚筒式干燥机适于处理细粒而不过分黏结的物料,既可混合干燥末精煤和浮选精煤,也可单独干燥浮选精煤。多用于干燥水分较高、0～13 mm 级中细粒含量较多的湿精煤。滚筒式干燥机具有生产效率高、操作方便、运行可靠、电耗低等优点;缺点是汽化强度小、钢材消耗大、干燥时间长、占地面积大。

根据干燥介质与物料运动方向的不同,滚筒式干燥机又分为顺流式(干燥介质与湿精煤运动方向相同)和逆流式(干燥介质与湿精煤运动方向相反)两种。选煤厂多采用直接传热顺流式滚筒干燥机。

1. 滚筒式干燥机的构造

滚筒式干燥机由滚筒、挡轮、托轮、传动装置和密封装置组成，其结构如图 2-21 所示。

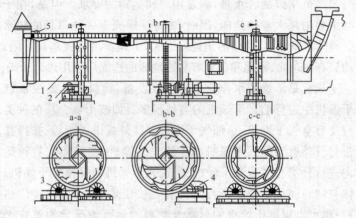

图 2-21　滚筒式干燥机

1——滚筒；2——挡轮；3——托轮；4——传动装置；5——密封装置

托轮是滚筒的支承装置，前端两个，后端两个，支承着轮箍。托轮的作用是：① 支承滚筒，整个滚筒和滚筒内物料的重量全部压在 4 个托轮上，并在托轮上转动。② 调整滚筒倾角，滚筒每端两个托轮在横向上可以移动，通过改变两端托轮间距离，调整滚筒倾角。③ 防止滚筒轴向移动，在托轮安装时，有意使两托轮轴线不平行，当滚筒在托轮上转动时产生轴向推力，防止滚筒向下移动。

滚筒是倾斜安装的，倾角一般为 1°～5°，为了防止滚筒沿轴向向下移动，在轮箍侧面装有挡轮。滚筒是在传动装置带动下转动的，转速一般为 2～6 r/min。传动装置包括电动机、减速机、小齿轮和大齿圈。

滚筒是滚筒式干燥机的主体,长度与直径之比一般为 4~8,外面装有两轮箍。滚筒内部装有输送松散物料的装置。以 NXG型 2.4 m×14 m 滚筒式干燥机为例,其内部沿轴向分为 6 个区,各区输送和松散物料的装置不同。一区为大倾角导料板,二区为倾斜导料板,三区为活动蓖条式翼板,四区为带有清扫装置的圆弧形扬料板,五区为带有清扫装置的圆弧形蓖条式扬料板,六区为无扬料板区。如图 2-22 所示。

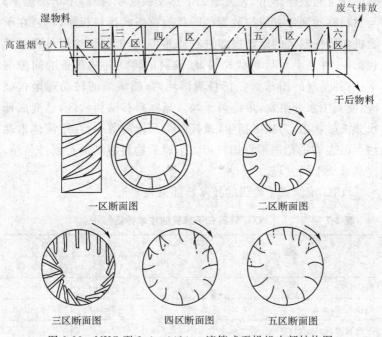

图 2-22　NXG 型 2.4 m×14 m 滚筒式干燥机内部结构图

2. 干燥过程

当干燥物料进入干燥机一区时,随滚筒的转动,并借助大倾角导料板将物料迅速倒至倾斜导料板上,被提起并逐渐洒落形成"料幕",高温烟气从中穿过使物料预热并蒸发部分水分。反复数次后,移动到活动蓖条式翼板上,物料又与经预热过的活动蓖条式翼板夹杂在一起,吸收其热量,同时翼板夹带物料一同升起、洒落,并与热烟气形成传导及对流质热传递。当物料移动到带有清扫装置的圆弧形扬料板上时,链条将在上部空间接受的热量传给物料,物料随滚筒的转动被扬料板提起、洒落与热烟气进行较充分地热传递,并将扬料板内外壁黏附的物料清扫下来。同时,清扫装置对物料团球也起破碎作用,大大增加了热交换面积,提高了干燥速率。当物料移动到带有清扫装置的圆弧形蓖条式扬料板时,物料在干燥机内仍按四区的运动规律进行质热传递,但此区物料呈现两种状态:一种是干后呈粉状物料,随滚筒的转动并从蓖条的间隙漏下;一种是湿的团球留在扬料板圆环内,随滚筒的转动逐渐被破碎,使其中水分蒸发,最终被干燥。当物料移动到六区,已变成低水分松散状态,为减少扬尘,减轻除尘系统的负荷,在距筒体末端约 1 m 左右的范围不设扬料板。干燥后物料滚动滑行到排料箱,完成整个干燥过程。

NXG 滚筒式干燥机的技术特征见表 2-7。

表 2-7　　　　　　**NXG 滚筒式干燥机的技术特征**

项　　目	NXG 滚筒式干燥机	
	$\phi2.4$ m×14 m	$\phi2.2$ m×14 m
筒体直径/mm	2 400	2 200
桶长长度/mm	14 000	14 000
滚筒转速/(r/min)	4.8	4.85
倾斜度/%	5	5
混合精煤(13～0 mm)干燥时处理量/(t/h)	65±5	65±5
浮选精煤或煤泥(0.5～0 mm)干燥时处理量/(t/h)	25±5	20±5
混合精煤入料水分/%	16～18	16～18

项 目		NXG 滚筒式干燥机	
		φ2.4 m×14 m	φ2.2 m×14 m
浮选精煤或煤泥入料水分/%		30±5	60±5
混合精煤出料水分/%		10 以下	10 以下
浮选精煤或煤泥出料水分/%		10±2	10±2
干燥机入口温度/℃		700～750	700～750
干燥机出口温度/℃		100～120	100～120
蒸发强度/[kg/(h·m³)]		80～100	80～100
干燥机热效率/%		70 以下	70 以下
外形尺寸/mm		14 000×3 860×3 800	
机器质量/kg		约 46 600	约 35 000
电动机	型号	BJO2—82—6	
	功率/kW	40	35
	转速/(r/min)	970	
减速机	型号	JZQ850Ⅲ—2Z	
	速比 i	31.5	
	中心距/mm	850	

复习思考题

1. 弧形筛有哪些优点?

2. 离心脱水主要分为哪两大类?

3. 什么叫过滤?

4. 简述 GP 型圆盘式真空过滤机的优缺点。

5. 加压过滤机有哪些优点?

第二部分
初级脱水工技能要求

第三章　脱水设备的操作和工艺要求

本章主要介绍几种典型脱水机的操作和注意事项、一般故障处理及矿浆质量浓度的测定方法。

第一节　离心脱水机的操作

一、准备工作

(1) 检查给料、排料溜槽、离心液管是否畅通。

(2) 检查润滑油箱油量、油质是否符合要求,有无漏油现象。

(3) 检查各转动部件是否完好,运转是否灵活,传动带的松紧度是否合适,有无松动、脱落。

(4) 检查油压表是否完好、灵活可靠。

(5) 检查防护罩是否齐全、牢固。

二、正常操作步骤

(1) 接到开车信号,确定无误后,由集控室统一开车。

(2) 离心脱水机启动程序和方法:首先开启油泵电机,然后启动旋转电机、振动电机,待离心脱水机运转正常后方可给料,不得超负荷运转。

(3) 离心脱水机运行的检查内容:

① 油压、油位、油温,以及有无漏油和油管堵塞现象。正常油压一般大于 0.01 MPa,油箱油量均要求处于油标中间,油温一般不低于 10 ℃、不高于 75 ℃。

② 观察电动机旋转方向,3 个电机旋转方向应一致,均为顺

时针方向。

③ 注意倾听设备有无异常音响,注意电机的温度是否正常,发现问题及时汇报处理。

④ 密切注意离心脱水机运转是否平稳,如出现强烈的振动要及时检查处理。

(4) 经常检查脱水后产品水分和离心液的流量、浓度、固体的粒度组成,以分析其工作状况,判断筛网是否堵塞、筛孔是否磨损过大、筛网是否破损等。

(5) 给料要保持均匀,避免进料口堵塞。

(6) 根据离心机入料量,调整离心机开启台数,在保证产品水分的前提下,尽量少开离心脱水机。

(7) 严防铁器、杂物和大块煤进入离心机,以免损坏设备。

(8) 及时检查脱水后产品水分、离心液中煤泥损失和粒度情况,达到离心机的脱水要求。

三、特殊情况处理

运行中发现以下情况,应立即停车。

(1) 筛网破损,造成离心液严重跑粗;

(2) 入料溜槽、离心液管被堵塞;

(3) 电动机温度过高、机体振动过大;

(4) 油泵工作不正常或油路堵塞。

四、停车操作步骤

(1) 接到停车信号后,先停止给料,待物料卸净后,由集控室统一停车。

(2) 停车顺序为:振动电机→旋转电机→油泵电机。

(3) 停车后检查三角带的数量、松紧度,松紧要适当,长度应一致。

(4) 利用停车时间进行设备的维护保养,处理运行中出现和停车后检查出的问题。

五、安全注意事项

（1）正常停车，振动电机停后延时约 1 min 再停旋转电机，以便把物料排净，最后停油泵电机。

（2）运转中不得在离心机上方作业。

（3）处理入料溜槽堵塞、在离心机上方及进入内部检修作业时，必须停机停电。

六、离心脱水机的工艺要求

（1）影响离心脱水机工作效果主要有机械结构方面的因素和工艺条件方面的因素。前者主要包括入料量、入料粒度组成、入料水分等，后者主要包括筛篮转速、筛篮的结构参数、筛网特征等。在实际操作中应根据离心脱水机的机械结构特点合理调整工艺条件，努力使离心机在最佳工况条件下工作。

（2）离心脱水机的技术指标有：脱水后产品水分、离心液中煤泥损失和跑粗情况等。

（3）严防铁器和其他杂物进入离心机。为减少筛篮磨损和煤的损失，应按照离心脱水机设计要求控制入料粒度上限。

第二节　刮刀卸料离心脱水机、卧式振动离心脱水机操作时注意事项

一、刮刀卸料离心脱水机的注意事项

在生产过程中，严格遵守离心机的操作规程，离心机必须空载启动，启动前检查油箱储油量的多少，各转动部件之间有无接触，发生堵塞和撞击的可能性，查看三角皮带的数目和松紧程度。如上述均无问题，可空载启动。待离心机转速正常后，方可开始给煤。

二、卧式振动离心脱水机的注意事项

（1）给入脱水机原料的数量、粒度组成、水分等应力求均匀，

以免引起筛网的不平衡运转,造成机器的不正常振动。

（2）在某些情况下,为了降低产品水分,可在主电动机轴上更换一个较大的胶带轮,以提高筛篮的转速。

（3）脱水机正常情况下的振幅为 5～6 mm。改变振幅可采用的办法有:改变缓冲橡胶与金属缓冲块之间的间隙(2～10 mm);向偏心轮上插入附加的重块;调整剖分胶带轮的直径;改变振动次数。

（4）要注意轴承及橡胶弹簧的温升情况。轴承的温升不应超过 40 ℃,润滑油的温升不应超过 25 ℃,橡胶弹簧的温升不应超过 20 ℃。

（5）机器的润滑采用油泵自动润滑,油压一般调整在0.5～1.5 MPa之间。如果发现油压下降,可旋转过滤器,清除过滤器的污垢;当油压降到 0.25 MPa 时,机器会自动停转;当油压表达到 0.5 MPa 时,又会通过压力继电器使机器自动开动。

（6）润滑油应间隔500 h更换一次,但初次运转的机器,第一次换油期为 250 h。另外要经常检查油的成分、油位。当机器停车时,油位应处在油标的中心位置。

（7）机器开动前,必须将筛网内的物料用清水冲洗清除;机器工作时应随时注意离心机的运转情况并对音响做出判断。如果出现异常现象,应查明并排除故障后方准开车。

第三节　沉降式离心脱水机的操作

沉降式离心脱水机的操作步骤:

① 油泵启动并运转 3 min;

② 启动离心机 5 min 后达到要求转速;

③ 启动给料泵开始给料。

若需要离心机停止工作,则需按以上相反程序,先停止给料,再停离心机,最后关闭油泵。

离心机正常工作时,要注意控制给料量和入料中的固体浓度,否则脱水效果难以令人满意。合适的固体浓度应为 30%～40%。

离心机的可调因素基本上有以下三个:

① 转筒速度。根据入料固体浓度和产品水分加以调整。

② 差动速度。根据入料量和产品水分加以调整。如果沉淀物的排出量比入料中的固体量少,则离心机会被物料堵塞,需要停机检修;如果差动速度较输送煤量所需的转速高,则离心机排出沉淀物的水分较高,必须适当控制入料浓度。

③ 溢流堰高度。一般而言,增加溢流堰高度可提高离心机的处理能力,但是沉淀物的水分随之增加,降低高度时则相反。调节溢流堰高度的办法是靠转动带偏心孔的阻板来实现。为了保持离心机的运转平衡,两边阻板应按照选定的同一方向旋转,并保持位置对称。

沉降式离心机的转速较高,机器没有隔振装置,对基础振动较大,所以离心机应安装在混凝土的基础上,并应严格地保持水平和稳固。如果机器安装在楼上,其基础最好按承受 4 倍以上的机器质量设计。

沉降式离心机给入煤浆应具有 2 m 以上的静水压头。给料浓度应保持稳定,并能调整入料量。转筒和螺旋间的间隙可通过变化转筒和螺旋的轴向位置来改变,通常保持在 1.5～2 mm 之间。

第四节 真空过滤机的操作

一、准备工作

(1) 了解过滤入料的数量,以及决定开车台数和序号。

(2) 检查设备的安全保护装置是否齐全有效。

（3）检查滤扇面有无变形、孔洞，刮刀有无损失，入料、下料溜槽有无堆积物料。

（4）检查调速器、减速器、分配头、搅拌器、主轴等点的润滑是否良好，液位自动控制系统是否完整。

（5）检查放料阀门是否关闭。

（6）可就地试车，检查设备运转有无异常现象。

（7）在开车前，应完全打开真空系统和滤液系统的手动控制阀门。

二、正常操作步骤

（1）听到开车信号后，确定检查无误后，可回答"开车"并迅速离开设备一段距离，由机控室统一开车。

（2）就地开车顺序：搅拌器→给料机→真空过滤机→真空泵→形成煤饼后开鼓风机。

（3）真空过滤机槽内矿浆要达到一定的液位，并保持稳定的情况，尽量减少溢流。

（4）根据入料浓度、粒度、矿浆量和煤饼情况，随时与来料岗位联系，调节入料阀门或过滤圆盘的转速，以取得较好的过滤效果。

（5）检查真空过滤机和真空泵的真空度是否正常，注意真空度的变化，应保持较高和稳定的真空度。

（6）注意检查排料溜槽，不应有堵塞现象。

（7）运转中注意检查电动机、减速机的温升和声响；各紧固螺栓有无松动；搅拌器运转是否灵活可靠；冲洗机构是否完好。

（8）注意检查吹风的压力、风量，吹风的位置，滤饼脱落情况。脱饼效果不好时，应主要检查有无漏风位置，煤的粒度组成是否过细，煤浆中是否含有大量泥质物料等。必要时，用人工捅饼。

（9）检查刮刀间隙不可过大或小（不小于 4 mm），防止撕坏滤扇。

（10）发现煤饼水分偏大时，要分析原因，采取措施。

（11）注意检查滤液中的固定含量和粒度组成，出现滤液跑煤、浓度大，要及时找出原因，采取措施。

（12）对煤饼水分、滤液损失（流量和浓度）、处理量，要及时观察，完成规定的指标。

（13）对过滤机的真空度、转速、滤布状况、入料浓度和粒度组成、吹风压力、搅拌效果等因素要及时调整，不断改善过滤机的过滤效果。

三、特殊情况的处理

（1）真空过滤机的滤布严重破损、径向杆严重变形时，应立即停车，及时更换。

（2）大量粗煤泥进入过滤机的料槽内，压住搅拌器滤布不上煤饼时，应停车处理，放出粗煤泥，冲洗干净后再开车。

（3）因滤布堵塞后滤扇漏水、沟（孔）堵塞而吸不上滤饼或吹不下滤饼时，应停车处理。滤扇损坏严重时，应及时停车更换，处理正常后再开车。

四、停车操作步骤

（1）接到停车信号后，应按以下顺序停车：停止给料，待过滤槽内物料剩 1/2 左右时，将底部放矿阀门打开，将物料放空，停鼓风机、真空泵，再用水冲洗过滤槽和圆盘，最后停搅拌器和真空过滤机。

（2）检查各种管路、阀门，应无漏风、漏水、漏煤浆现象。

（3）滤网损坏或堵塞严重时，要更换或清刷，检查电动机、减速器及各传动装置是否正常，发现问题及时处理。

（4）利用停车时间进行设备维护保养，处理运行中出现和停车后检查出的问题。

（5）按设备润滑周期进行设备润滑。

五、安全注意事项

（1）捅滤饼时，不得用金属铲等尖利工具，应防止捅坏滤扇。

工具掉到溜槽内,应立即停车处理。

(2)过滤机操作台及缓冲漏斗层应设保护栏杆。检修过滤机时应系好安全带。

(3)放料时应站在放料台上,并由专人监护,带式输送机拉绳开关应处于停机状态。

(4)更换滤扇、滤布时应首先搭好安全架,双脚站稳,然后工作。

(5)捅溜槽时,要有专人监护,不能用水冲下料溜槽。

六、真空过滤机的工艺要求

(1)真空过滤机的主要技术指标有:煤饼水分、滤液损失(流量和浓度)、处理量等。

(2)影响真空过滤机工作效果的因素主要有:真空度,转速,滤布、滤板的材质、构造,入料浓度和粒度组成,吹风压力,搅拌效果等。

七、提高真空过滤机过滤效果的途径

(1)选择最佳过滤机转速。过滤机的转速,对其生产效果影响很大。不同的原料,要求有不同的过滤和干燥时间,因而要求有自己合适的转速,转速要通过试验来确定。对煤泥的过滤来说,在一定的范围内,提高转速可使滤饼变薄、处理量提高、真空度增加、滤饼水分降低。所以,在生产中,要提高处理能力,应保持较高的转速。PG 型圆盘式真空过滤机的转速一般为 0.3 r/min 左右。

(2)控制煤浆的粒度和浓度。控制煤浆保持合适的粒度和浓度,能够提高过滤的效率。煤浆的粒度越细,过滤阻力越大,过滤越困难;但是,粒度过大,滤饼的通气性太强,真空度降低,也吸不上滤饼。煤粒在 0.5 mm 以下时,入料粒度越大,处理量越高,水分也越低。要改善过滤效果,必须采取适当措施,控制给料粒度。给料浓度小,则真空度要降低,处理量变小,滤饼水分相应提高,给料浓度一般应在 25%~50% 左右。

（3）选用合适的滤布。过滤浮选精煤时,可采用 250 μm 或 180 μm 滤布;而过滤浮选尾煤时则应用较致密的滤布。

（4）入料中加入合适的助滤剂。

（5）选择有利于脱饼的塑料滤板。

第五节　压滤机的操作

一、准备工作

（1）了解压滤入料情况,包括数量、浓度、粒度组成。

（2）按《选煤厂机电设备检查通则》要求对设备进行一般性检查,并进一步做好如下检查:

① 液压系统工作程序应正确,油箱油位、安全阀、换向阀、截至阀的位置适当。

② 主机两侧的卸料装置(链条、拉钩)松紧应合适,位置应正确。

③ 各处螺钉及紧固件不应松动脱落,液压系统各油管、压滤机各管路及管接头应无漏水、漏油现象。

④ 压力表、位置传感器、远距离控制按钮应灵敏可靠。

⑤ 滤板无破裂、变形,滤布无破损、打褶。滤板周边应无黏煤,中心入料孔应畅通。

二、正常操作步骤

（1）接到开车信号,确认检查无误后,即可发信号开车。

（2）合上程控柜面板上的电源开关,PC 工作指示灯亮,系统进入(准备)工作状态。

（3）按压紧按钮,油泵启动,活塞杆推动头板顶紧滤板,当压力达到预定压力范围时,油泵自动停止,过滤指示灯亮,系统进入过滤状态。

（4）通知入料,并记录入料时间。入料开始后,认真观察滤液出量,当液管流出滤液滴水不成线时,及时通知停止入料,并记录入料结束时间。按过滤按钮,将头板拉到位后,拉板装置返回,进入拉板状态。

(5) 卸料时,通知皮带、刮板输送机按顺序依次开车,待上述设备运作正常后,可卸料。

(6) 按远距离手动按钮进行拉板操作,操作时拉板装置可在任何位置启停,拉板结束后进入下一个工作循环。

(7) 在压滤过程中,要观察流出的滤液,发现流黑水时要记下滤板位置,以便检查和处理,必要时更换滤布或滤板。

(8) 卸料时,应用木铲将每块滤饼清理干净,严防滤板周边两底角黏有煤泥。注意观察滤布和滤板破损情况,中心孔是否堵塞,滤板靠拢时滤布是否折叠,压角是否夹煤饼等,情况严重的要立即停止,进行处理。

(9) 运行中注意观察以下现象,发现情况及时处理:

① 两侧拉板位置是否同步移动;

② 头板在轨道上是否爬行移动;

③ 尾板的倾斜度是否过大;

④ 液压系统各压力表指示是否正常;

⑤ 操作盘上的电压力表、指示灯、报警器、按钮等是否灵敏可靠。

(10) 及时更换破损滤布,保证滤液浓度。

(11) 压滤脱水的技术指标和工作效果必须达到规定要求。

(12) 按使用说明书要求,掌握好压滤过程的几个工作压力:

① 除难压滤的煤泥外,一般压滤工作压力为 0.4~0.8 MPa。

② 液压系统工作压力为 0.5~1.25 MPa,如滤板边缘采用橡胶封垫,则液压系统工作压力还可降低。

③ 拉板压力调节范围为 0.4~0.6 MPa,返回拉板调节范围为 0.2~0.3 MPa。

（13）如 PC 工作指示灯不亮，说明设备发生故障，蜂鸣器发出声响，故障指示灯亮，面板显示相应的故障代码，应及时通知调度进行维修，之后按复位按钮，使系统恢复正常。

（14）如 PC 工作指示灯闪亮，说明 PC 闪电池电压过低，应及时通知维修人员更换电池。

三、特殊情况处理

（1）加压给料时，如果滤板间有大量黑煤泥喷出，应立即停车处理。

（2）粗煤泥进入机室，压不成饼且损坏滤布，影响水分，这时应采取措施防止中心孔堵塞和卸料时粗煤泥黏在滤板下端，影响密封。

四、停车操作步骤

（1）压滤机工作 40～60 个循环或尾板倾斜 4°～5°时进行滤布冲洗；每个检修班也要进行滤布冲洗。

（2）更换下来的破损滤布要彻底清理，修补后的滤布四周与滤板边框接触部位薄厚要均匀。

（3）更换滤布时，要清理黏在滤板上的煤泥，要把换上的滤布拉平，将边绳打活结扎紧，严防折叠。

（4）利用停车时间进行设备维护保养，处理运行中出现和停车后检查出的问题。

（5）利用停车时间按"四无"、"五不漏"要求，对设备进行维护保养，并清理设备和环境卫生。

（6）按规定填写岗位记录，做好交接班工作。

五、安全注意事项

（1）严禁长期顶紧滤板，避免零部件损坏。

（2）机架、机顶、大梁上有人时严禁开车。

（3）操作人员不准将头、手、脚、工具等伸入滤板间、压滤机的拉钩架及滤板的把手上。

（4）严禁从拉开的滤板缝间观察下面的刮板输送机或溜槽。

（5）清除滤饼只能用木（竹）铲，禁止手抓滤布与煤泥。

（6）操作按钮不准戴手套。

（7）因工作需要到机架、机顶、大梁上作业时，必须停电挂牌并设专人监护。

（8）更换滤布、清理滤布时，必须将传动拉钩打平，切断电源后方可工作。

（9）工作人员上机、下机要从机头扶手处上下，禁止从压滤机一侧爬上或从机上直接跳下。

（10）需上机体上冲洗滤布时，应遵守以下规定：

① 上机冲洗时，要 3 人同时作业，1 人按控制拉板按钮，1 人手持水管冲洗，1 人监护作业。

② 上机后，人员首先要站稳，方可冲洗。

③ 工作人员随着拉开的滤板移动，但所站滤板距所拉滤板不少于 6 块滤板间的距离，以防坠落。

六、压滤机的工艺要求

（1）压滤脱水的技术指标有：滤饼水分、滤液固体含量、处理量。

（2）影响压滤机工作效果的主要因素有：入料浓度（浓度大，处理量大，水分低，但给料困难）、入料粒度（粒度粗，结饼松散，水分高，故以黏细物料为宜，但粒度过细尤其是含有大量泥质物料时滤饼水分也高）、压滤时间（时间长，有利于降低水分，但影响处理量）。在操作中应根据具体情况，综合考虑上述因素的影响。

第六节　隔膜式快速压滤机的操作

一、手动操作步骤

（1）选择手动挡。

（2）按下【翻板闭合】按钮，翻板闭合。

（3）按【压紧滤扳】按钮，液压站上压力到达 25 MPa，电机停转，进入自动保压状态，保压灯亮起。

（4）检查进料管道的各个阀门，必须处于开启状态，按【进料过滤】按钮，等所有水龙头都开始出水后，注意观察进料口压力表。当进料压力达到 0.6MPa 时延迟 20 s（时间可调节），进料泵自动停机。

（5）等进料泵停机后，按下【反吹】按钮，自动开启反吹阀，进料回流阀，进入反吹工艺阶段，反吹 60 s 后停机（反吹时间可根据时间情况调节）。

（6）确认滤室内打满后，按下【压榨】按钮，气动压榨阀开启，进行隔膜压榨，隔膜压榨压力下限设定为 0.05 MPa，压榨压力上限设定为 0.65 MPa（压力上下限可以根据实际情况调节压榨管道上的电接点压力表来实现），压榨 1 min 后停机（可以视压榨效果调节压榨时间）。

（7）按下【放气】按钮，放气阀打开，正吹阀打开，放气正吹时间 60 s 后自动停机。

（8）按下【翻板打开】按钮，翻板打开。

（9）按下【回程】按钮，拉板返回，油缸回到位，电机自动停转。

（10）按【拉板】按钮，自动拉板卸料，在卸料过程中，若拉动拉板暂停推拉杆可以暂时停止拉板，可以清理滤布上的残留滤饼。

（11）拉板完成后，按下【翻板闭合】按钮，翻板闭合。按下【压紧】按钮进行下一轮过滤。

二、自动操作步骤

（1）选择自动挡。

（2）按下【自动启动】按钮。

（3）自动循环顺序：自动压紧，自动进料，自动反吹，自动压榨，自动放气正吹，自动翻板打开，自动松开滤板，自动拉板，自动翻板闭合。

三、安全注意事项

(1) 在开启机器前,必须确认设备的正常启动,不会有人员伤害。

(2) 设备处于压紧或上压时,由于油缸属于压力容器,操作人员尽可能不要处于油缸正对面位置。

(3) 压滤机滤腔内没有物料时绝不允许对隔膜进行通气压榨,否则会引起隔膜破损。

(4) 隔膜压榨完毕后应及时将隔膜腔内的压缩空气放尽,在未放尽之前绝不允许将压滤机进行回程,松开滤板,否则会导致隔膜板破损以及人员伤亡事故。若所有按钮处于失效状态(隔膜保护装置在起作用),首先应该检查隔膜排气是否放尽或压力表指针是否归零。

(5) 维修人员经常检查隔膜压力表是否正常,确保隔膜压力表工作正常,否则此安全保护系统将失效。

(6) 设备通电时请不要打开电控箱触摸端子,也不要打开电机接线盒,否则可能引起触电、误操作。

(7) 设备进料没有结束时请不要按【回程】按钮(松开滤板),否则会引起物料泄漏。

(8) 压滤机的电接点压力表和溢流阀如损坏应及时更换,否则会使液压站、油缸长期处于超高压状态而缩短液压站和油管的使用寿命,引起油管破裂,甚至造成油缸爆裂。

(9) 液压油缸及油管长期在高压工况下,有爆裂的可能,压滤机启动后,请不要站在油缸后方,以免造成人员伤亡,如有异常情况请按【压紧停止】按钮。

(10) 压滤机压紧或拉板时,请不要将手伸入滤板之间整理滤布,否则会造成人员损伤,如要整理滤布,请停止压紧或拉板状态。

(11) 液压站运转时,请不要拆开液压元件,否则高压液压油会溅出伤人,必须在液压站卸压后拆卸液压元件。

（12）进料压力不允许超过设备的正常过滤压力，否则会引起滤板破损。

（13）开始新的循环时，必须清除滤板密封面上残留的滤饼，否则会引起主梁变形，滤板破裂，跑料等事故。

（14）过滤时，不能擅自取下滤板，以免油缸活塞杆行程太长而发生顶缸、喷料现象。

第七节　盘式加压过滤机的操作

一、准备工作

（1）打开仓内照明。

（2）检查设备的安全保护装置是否齐全、有效。

（3）检查滤扇面有无变形、孔洞，刮刀有无损坏，入、下料溜槽有无堆积物料，放料阀门是否关闭。

（4）检查调速器、减速器、搅拌器、主轴等点的润滑是否良好。液位自动控制系统是否完整。

（5）清理仓内杂物，关闭入孔门。

（6）检查高压风、液压站各阀门、管路是否正常。就地试车，检查设备运转有无异常现象。

（7）关闭仓门通向外部的所有阀门及上、下排料闸板，手动启动高压风、液压站。

二、正常操作步骤

（1）接到开车信号，确认检查无误后，可回答"开车"。

（2）控制室应根据设定的开车程序正常开车，一般工作压力为 $0.2\sim0.5$ MPa，主轴转速为 $0.8\sim1.2$ r/min。

（3）注意液位调整，观察高压风压力，加压仓内压力。同时，观察排料周期是否在 1 min 以上。

（4）排料闸板关不到位或排料不正常时，应停车检查。

(5) 注意压力仓保压情况,当压力仓内压力将到 0.17 MPa 以下时(自动报警),应检查各部位是否有漏风现象,低压风供风是否正常。如仓内压力继续下降,按【等待】按钮(自动停主轴,关滤液阀)手动调节入料阀门,当仓内压力达到 0.25 MPa 时,按【恢复】按钮(自动投入正常运行)。

(6) 注意过滤机槽内液位,如液位突然下降,低于中料位时,要及时观察给料泵入料情况。如给料泵不上料,手动关闭入料阀门,查找原因。

(7) 运行中,如出现"故障"信号,及时按【确定】按钮,察看模拟盘"提示",查找原因。

(8) 密切注意刮板输送机、主轴密封排料、高压风、液压站等的运行情况,如有异常及时停车。

(9) 应经常通过视镜观察仓内过滤机的工作情况,并检查液压站工作是否正常及滤饼脱水效果,根据生产情况和产品质量要求随时调整。

(10) 如发生紧急故障,及时按【紧停】按钮,并停给料泵(手动),关闭给料阀,停低压风。

三、停车操作步骤

(1) 向给料泵、低压风机房发停车信号。

(2) 按正常【停车】按钮(自动停主轴、搅拌机、刮板运输机、高压风、液压站),当仓内压力降到 0.15 MPa 时,自动关闭滤液阀,打开放气阀。

(3) 当仓内压力降到 0 时,打开入孔门,然后手动打开上下闸板,开启刮板机主轴,冲洗滤盘,清理积水。

(4) 检查各管路、阀门,应无漏风、漏水、漏煤浆现象。

(5) 滤网损坏或堵塞严重时要更换或清刷,检查电动机、减速器及各传动装置是否正常,发现问题及时处理。

(6) 利用停车时间进行设备维护保养,处理运行中出现和停车后检查出现的问题。

（7）停车后，旋转开关处于"手动"和"自动"中间位置，滤液阀打开，放气阀关闭，上下闸板打开，停电源，锁上操作盘。

（8）停车后打开人孔门，保持仓内通风。

（9）按设备润滑周期进行设备润滑。

四、安全注意事项

（1）加压过滤机的加压仓和反吹风包为Ⅰ类压力容器，应严格遵守压力容器有关规定使用和检查。

（2）设备运行过程中，随时观察显示屏上的模试运行是否正常，各仪表指示是否正常。

（3）人员进入仓内必须办理停电手续，仓内有人时必须设专人监护。

（4）定期排放高压风包内积水和补加液压站液压油。

（5）更换滤扇、滤布时应首先搭好安全架，双脚站稳，然后进行工作。

（6）经常检查各密封圈，发现问题及时处理。

五、加压过滤机的工艺要求

（1）加压过滤脱水的主要工艺指标有：煤饼水分、滤液损失（流量和浓度）、处理量等。

（2）影响加压过滤效果的有关因素：① 物料特性（由于加压过滤速度快，所以对物料特性的变化异常敏感，物料的密度、粒度组成、浆体的浓度、黏度、沉降速度等特性对生产能力和过滤效果影响很大）。② 工艺参数，主要控制 3 个参数：工作压差（调整产品水分、产量及耗风量）、入料浓度（调整产量、水分）、主轴转数（调整产品水分、产量、给料泵流量和机槽内液面高度）。这 3 个参数分别有一个最佳值，即水分最低、产量最高、耗风量最小，操作中应根据设备性能、物料性质和本厂指标要求合理调整这 3 个参数。

第八节　滚筒干燥机操作

一、准备工作

(1) 按《选煤厂机电设备检查通则》要求检查机电设备:燃烧炉内、滚筒出口、旋风集尘器、涤尘器、燃料煤仓、螺旋输送机和集尘漏斗等应无积煤或杂物,并关闭检查孔。

(2) 关闭燃料给料器阀门和烟囱闸板。

(3) 涤尘器和排灰刮板输送机的水量应充足。

(4) 事故烟囱安全金属薄膜应完好。消防水源压力应符合要求。

(5) 各处溜槽应畅通。

(6) 点火装置油压应符合标准。

(7) 各控制仪表应准确、可靠。

(8) 检查各润滑部位并注好润滑油。

(9) 检查托轮、挡轮的磨损情况,三角带的数量、松紧程度及磨损情况。

(10) 电动机、减速机的地脚螺丝应齐全牢固。

(11) 干燥机、减速机两端密封装置和干燥系统与大气相连各部位及给料、排料闸门应严密,无漏风现象。

二、正常操作步骤

(1) 接到开车信号,确认检查无误,即可答应"开车"。

① 开动产品运输及除尘设备。

② 开动螺旋输送机、引风机,待运转正常后逐步打开调节阀门,涤尘器少量给水。

③ 开动燃料煤鼓风机,吹净管道内积尘。

④ 开动干燥机滚筒(先用事故电动机带动滚筒转动,待运转正常后停机,换开主电动机带动)。

⑤ 启动油点火系统。

⑥ 空载启动助燃风机,根据炉温调节风量。

⑦ 当炉内温度达到 500 ℃时,开始给料。

⑧ 启动回旋给料机,向燃料炉内给燃料煤,并关闭一个点火油嘴。

⑨ 注意调整涤尘器及除灰刮板内的注水量。

(2) 运行中还应检查电动机、减速机工作情况,电动机温升不能超过规定,应无杂音和过大振动。

(3) 检查干燥机和托轮应无上下窜动及轴断迹象。

三、工艺要求

(1) 干燥脱水的主要指标包括:台时处理量、产品水分、蒸发强度和热效率。由于干燥产品和水分关系寒冷地区选煤厂的产品运输问题,必须努力完成本单位规定的产品水分指标。

(2) 对既定设备影响干燥脱水效果的主要因素有:入料的粒度和水分,入料粒度越大,水分越低,干燥产品水分也低;热空气温度,温度高,干燥快,但将影响产品的煤质;台时处理量,给料大,效果会降低。应根据实际情况,综合上述因素,进行合理操作。

(3) 应采取有效措施防止干燥后产品增灰、煤尘燃料爆炸等问题。

(4) 操作中应重点抓住:稳定入料水分和给料量,稳定炉温,防止给料机和各溜槽堵塞,防止细煤泥成团,提高集尘系统的效率等环节。

四、特殊情况的处理

(1) 因失控滚筒内温度升高着火时,立即停止入料(包括湿煤和燃料煤),停鼓风机,打开副烟囱闸板,开清水闸门灭火。

(2) 突然停电时,开动直流电动机或人工转动滚筒,将煤排除。

五、操作后应做的工作

（1）接到停车信号后，关闭燃料仓入料闸门，减少燃料煤和湿煤入料量。

（2）当干燥机出口温度降到 100 ℃时，停止供给燃料煤，把输煤管内煤粉吹净后停鼓风机，关点火器。

（3）待炉内温度降到 500 ℃，出口温度降到 100 ℃以下时，停止入料。

（4）开启副烟囱闸门，待调温鼓风机向炉内吹 10 min 冷风后停机，同时停螺旋输送机、回旋输送机。停止涤尘器供水。

（5）等炉内温度降到 350 ℃，滚筒入口温度降到 150 ℃时，停引风机，滚筒入口温度降到 90 ℃时，停滚筒并切断控制电源。

（6）打开检查孔，清除旋风集尘器中的积煤。

（7）将除尘系统清理干净。

（8）停车后，检查机电设备有无不正常情况，发现问题及时处理。

（9）利用停车时间进行设备维护保养，处理运行中出现和停车后检查出的问题。

（10）按"四无"、"五不漏"要求，搞好设备和环境卫生。

（11）按规定填好运转记录，做好交接班工作。

六、滚筒式干燥机的工艺要求

（1）干燥脱水的主要指标包括：台时处理量、产品水分、蒸发强度和热效率。司机应努力完成本单位规定的产品水分指标。

（2）影响干燥脱水的主要因素有：入料的粒度和水分，入料粒度越大、水分越低，干燥产品水分也越低；热空气温度，温度高，干燥快，但影响产品的煤质；台时处理量，给料大，效果会降低。应根据实际情况，综合上述因素，进行合理操作。

第九节 矿浆质量浓度的测量

在浮选产品脱水工艺中用得最多的是质量浓度,在操作过程中,脱水工要定期和不定期地测定过滤机、压滤机等脱水设备的入料、滤液的浓度,以便及时调节脱水的操作制度。

对于脱水工来说,通常采用浓度壶快速测定,其测定步骤如下:

(1) 首先按 GB/T 217—2008《煤的真相密度测定方法》测定煤泥的真密度。将取得的煤泥水样搅拌均匀,倒入体积为 1∶4 的浓度壶中,至颈旁溢流出多余的煤泥水时停止加样。

(2) 然后在感量为 5 g 的天平上称出浓度壶中煤泥水的质量,按式(3-1)计算煤泥水固体含量。

$$q = \frac{TRD(m-1\ 000)}{TRD-1}$$

式中　q——煤泥水的固体含量,g/L;

　　　TRD——煤泥的真密度,g/cm^3;

　　　m——每升煤泥水的质量,g。

对同一煤种来说,TRD 是常数,则式(3-1)可以改写为 $q = c(m-1\ 000)$。

复习思考题

1. 请叙述卧式振动离心机的开停车过程。

2. 真空过滤机的主要技术指标有哪些?

3. 压滤机常见故障有哪几类?

第四章　生产安全知识

本章主要介绍安全生产方面的知识,包括安全用电的基本知识、触电的急救和电火警的处理、选煤厂通用安全规程等。

第一节　安全生产基本知识

安全生产是指在生产过程中保障劳动者人身安全和设备安全。安全生产是我国的一项重要政策,也是管理生产企业的重要原则之一。做好安全生产工作,对于保障劳动者在生产中的安全与健康,搞好企业的经营管理,促进社会发展,具有非常重要的意义。

安全生产方针是对安全生产工作的总体要求,它是安全生产的方向和航标。我国安全生产的方针是"安全第一,预防为主,综合治理"。"安全第一"就是要在抓生产的同时,首先要抓安全,尤其是在生产与安全发生矛盾时,生产必须要服从安全。"预防为主"是指安全隐患重在预防,只有把事故隐患消灭在萌芽状态,安全才有保障。"综合治理"这一条是在 2005 年的中国共产党第十六届中央委员会第五次全体会议通过的,它更强调企业管理在安全生产方面的责任,健全了安全生产监管体制,做到严格安全执法,有效遏制重大事故的发生。

一、安全生产管理的内容

(1)人身安全。消除危害劳动者人身安全和健康的一切不良因素,保障职工的安全和健康,舒适的工作。

(2)设备安全。消除损坏设备、产品和其他财产的一切危害因素,保证生产正常进行。

（3）劳动保护。为了防止事故发生，在生产中劳动者必须穿戴好必要的劳动保护用品，以保证劳动者的安全。安全生产工作和劳动保护是两个含义不同的概念，两者既有联系又有区别。

二、安全生产管理系统

（1）"三级安全教育"。即工厂、车间、班组的三级安全教育。

（2）"三同时"。凡是新建、扩建和革新挖潜的工程项目的设施，要与主体工程同时设计、同时施工、同时验收投产。

（3）"三不伤害"。即不伤害自己，不伤害他人，不被他人伤害。

（4）"四不放过"。即事故原因查不清不放过，事故责任及责任人不清和未进行处理不放过，职工群众及责任者未受到教育不放过，防止事故再次发生的措施未制定不放过。

三、安全与生产的关系

"安全为了生产，生产必须安全"这句话辩证地说明了安全与生产的关系。随着市场经济的发展及法律对人生命健康权保护力度的不断加强，"安全为了生产，生产必须安全"越来越得到人们的理解。因为生产过程中发生的安全事故，和随之而来的事故处理费用及时间价值的损失，已经大大超过了安全管理上的投入，严重的事故处理费用甚至可以导致企业的破产。

安全生产操作规程实际上是职业技能操作的一部分，许多事故的发生，都是因为实际操作不规范而引发的。所以，加强职业技能培训也是贯彻"安全为了生产，生产必须安全"的思想，那种将安全教育与职工技术培训分离的做法是不科学的。但是，在进行职业技能培训的同时，一定要指出容易引发安全事故的操作程序，并说明违规作业的危害性，包括对自己及对他人的危害，这样才能引发职工安全操作的自觉性。

第二节　电气安全基本知识

电作为高效、清洁、便捷的能源，在现代工业生产中得到了广泛的应用。电能是一种看不见、摸不着的物质,只有在电路或电器上装有显示装置时,才能断定其存在;只有用仪器、仪表测试时才能观察到电能的性质。电气安全事故表现为人体触电、电气火灾与违规通电等,其后果是自己或者他人受到伤害及生产设备被损坏。针对电气设备的特殊性和专业性要求,在现有的安全措施规定中,对于电气设施安装与维护,其分工清楚明确,但是设备操作者在电气安全管理中的作用绝对不能忽略。虽然电气专业维护人员对电气设施运行有现场巡检制度,但是主要监视工作仍靠设备操作者进行,而且事故受害者大多是非电气专业人员。因此,如何安全用电是设备操作者应该掌握的基本知识,并构成了该工种职业技能的一部分。

一、触电

电流通过人体对人体造成伤害的现象称为触电。触电对人产生的伤害分为电伤和电击。

电伤通常是指人体外部受伤,如电弧灼伤、金属熔化飞溅出的金属灼伤以及人体局部与带电体接触造成肢体受伤等情况,这种伤害的后果可能是严重的。电伤与电击所不同的是,电伤时电流不通过人体内部。

电击是指人体接触带电体后,电流通过人体内部,人的内部器官受到电流的伤害,甚至造成触电死亡,后果极其严重。电击对人体伤害的程度与流过人体电流的频率、大小、时间长短、触电部位以及触电者的生理素质等情况有关。实践表明,低频电流对人体的伤害大于高频电流,而电流通过心脏和中枢神经系统时最危险。常见触电原因有以下两类。

1. 不遵守有关安全操作规程,违章作业

(1)对工作区进行清扫时,用水进行冲洗,水流溅入电气设施内部,导致系统漏电。

(2)进行电气设备外部保养时,用湿布进行擦拭,导致触电。

(3)在电气设备出现故障时,不通知电气维护人员,自行进行修理,因操作不当或者使用工具不符合绝缘要求而导致触电;更有甚者,带电进行作业。

(4)不遵守搭接临时线的有关规定,乱拉临时线。

(5)使用闸刀开关时,正面对着闸刀开关合闸、拉闸,被所产生的电弧灼伤。

(6)启动设备时,不用手指进行开启,而用铁棍或其他硬器敲击开关盒,导致开关按钮及盒体破裂而触电。

(7)在进行其他施工时,将预埋的电线弄破绝缘皮,导致触电。

2. 电气设备故障

(1)设备超载运行或者短路发热,导致绝缘体破损,外壳带电。

(2)电气线路和设备受潮,绝缘体不绝缘,导致外壳带电。

(3)电气设备的接地(接零)线断裂损坏,导致外壳带电。

(4)在电气设备检修时,由于工作现场管理不善,小金属物(如铁丝、钢钉、铜线、螺钉)、导电物掉入电器内,导致外壳带电。

二、触电的急救方法

1. 解脱电源

当触电事故发生后,电流便不断地从人体通过,为了使触电者能及时得到妥善的救护,减少电流通过的时间,迅速脱离电源是十分重要和紧急的工作。我们可以根据各种不同的现场情况和条件,迅速切断电源。

(1)拉掉电源开关,拔去电源插头或熔断器的插芯等。

(2)用干燥的木棒、竹竿、扁担、塑料杆或者干燥清洁的棉织品、皮带、化纤制品、绳索等不导电的物品拨开电源。

(3)拽触电者的干衣服使其脱离电源。

以上通常只适用于额定电压为 500 V 以下的场所。高压触电时,除使电源开关断闸之外,通常要用高压绝缘棒来使触电者脱离电源。并且在电源开关未断闸之前,高压带电体仍必须加以防护,以免他人再次触电。

在使触电者脱离电源时,必须严防参与急救者或者在场的其他人员误触带电体,造成更多人的触电。还要采取措施防止触电者从高处掉落而受伤,避免给急救工作带来更大的困难。同时应立即报告医院及相关方面。

2. 紧急救护

触电者脱离电源后,应立即进行现场紧急救护。

当触电者还未失去知觉时,应将其抬到空气流通、温度适宜的地方休息。情况严重时,可能会出现心脏停止跳动、呼吸停止的假死现象。一旦出现假死现象,应争分夺秒地在现场进行人工呼吸和胸外按压,以恢复伤员的呼吸及心跳机能,否则时间一长,伤员大脑将因严重缺氧而难以挽救。这项工作一刻也不能停止,即使在送往医院的途中也应坚持进行。对假死的触电者,只要判断有无心跳和呼吸,不必等测量血压、数脉搏、数呼吸等之后再进行抢救。

三、基本用电安全

(1)任何电气设备在未确认无电之前,应一律做有电状态处理和工作。

(2)不要盲目依赖开关或者控制装置,只有切断电源,并经验电笔测试无电后才能进行工作。

(3)检修用电设备时,严格遵守停送电制度。切断电源后,必须挂上标志(停电)牌,必要时派专人看守,以防他人误操作产生触电事故。

(4)切实执行严格的电气日常维护制度,专业电气人员的定期维护工作应由操作者进行验收。

(5)设备操作者除熟悉所有设备的电源开关位置外,还应当了解控制设备电源开关所在地。

四、电火灾的紧急处理

(1)发生电火灾时,最重要的是首先切断电源,然后救火并立即报警。

(2)灭火器材应选用二氧化碳灭火器、1211灭火器或者用黄沙来灭火。但应注意不要让二氧化碳喷射到人的皮肤和脸部,以防冻伤和窒息。在没有确定电源是否已被切断之前，绝不允许用水和普通灭火器（如泡沫灭火器）灭火，防止万一电源未切断，救火者发生触电的危险。

（3）救火时不要随便与电线或者电气设备接触。特别要留心地面上的电线，应将其用绝缘物品妥善处置。遇到这种特殊情况，无法判断线缆是否有电时，一律作为带电体来对待，以免混乱中有人触电。

第三节　选煤厂主要脱水设备安全规程

1. 离心脱水机

（1）离心脱水机不得超负荷运行。入料中不得混有软、硬杂物及大颗粒物料。

（2）离心脱水机的油泵电机、振动电机和回转电机之间必须实现闭锁。

（3）设备运行中，工作人员不得爬到离心机上作业。

（4）沉降式离心机的固定螺栓必须紧固，严防隔振弹簧断裂变形。

（5）沉降式离心机必须装设安全保护装置及传感器。

（6）沉降式离心机的主断阀、入料阀、冲洗阀的开度指标应当准确。

2. 过滤机

（1）过滤机及缓冲漏斗的操作和巡视平台周围必须设置保护栏杆。缝补或更换滤布时，必须搭设安全架。

（2）在加压过滤机的压力容器壁上，禁止撞击、焊接和开孔。

（3）加压过滤机加压仓和反吹风包，必须根据有关压力容器的规定制订年度检验计划，并报当地安全监察机构及检验单位，经检验单位检验合格并取得使用许可证后，方可使用。

（4）加压过滤机加压仓和反吹风包入口门，必须设置机械、电气闭锁装置。需停机进入加压过滤机加压仓和反吹风包内检修，必须保证其内外空气压力相等。

3. 压滤机

(1)箱式压滤机(简称压滤机)正常工作时,操作人员不得将脚、手、头伸入压滤机滤板间或从拉开的滤板缝间观察下面的带式输送机或中部槽。禁止将工具放在拉钩架上及滤板的把手上。清除滤饼时,操作人员不得用手扒滤布与煤泥。

(2)禁止操作人员戴手套操纵压滤机开关。机架、机顶、大梁上有人时,不准按动开关。更换滤布、清理滤板中心入料孔中煤泥,必须将传动拉钩拉平。

(3)压滤机液压部分必须安装电接点压力表。

(4)禁止杂物进入带式压滤机,一旦发现,必须立即停机处理。严禁操作人员在带式压滤机网带上行走。

(5)与带式压滤机配套的絮凝剂添加系统应当采取防滑措施。入料停止时,应当将网带及设备周围冲洗干净。

4. 火力干燥

(1)干燥车间启动前,必须进行全面系统的试验检查。干燥机停止运转前,必须将滚筒中存煤全部排出。

(2)操作人员应当经常检查干燥机给料箱内的返煤情况。排灰时,室内必须有良好的通风,排灰室和除尘器中的一氧化碳含量不得超过 0.000 15 g/m³。清炉排灰时,应当先将炉灰用水熄灭后再排出,禁止带火运出。当多管集尘器中煤粉燃烧时,必须立即停止引风机,打开检查孔将火熄灭。防爆阀每班要检查一次,发现失灵立即更换。

(3)干燥机各点的温度、压力不准超过表 4-1 的规定。

表 4-1 火力干燥机各点温度与压力的最大允许值

干燥机型号	炉膛		干燥机入口		干燥机出口		引风机	
	温度/℃	压力/mmH₂O	温度/℃	压力/mmH₂O	温度/℃	压力/mmH₂O	温度/℃	压力/mmH₂O
管式	850	−5	800	−100	150	−190	120	−300
液筒式	1200	−2	800	−15	200	−50	120	−150
洒落式	800	−5	500	−15	150	−100	120	−200

干燥机型号	炉膛		干燥机入口		干燥机出口		引风机	
	温度/℃	压力/mmH₂O	温度/℃	压力/mmH₂O	温度/℃	压力/mmH₂O	温度/℃	压力/mmH₂O
沸腾式	1 200	385～450	495	−25～25	73	−255～−150	73	130～170

注:1 mmH$_2$O=9.806 65 Pa

（4）干燥机的控制系统必须配备同时能发出声光信号的警报仪表。各种仪表应当定期校验,保证完好。

（5）干燥车间必须设置有效的除尘系统。产生煤尘的设备和转载点必须密闭。设备运行时,车间内粉尘浓度不得超过10 mg/m³。

（6）与干燥机直接连接的除尘器或排料除尘器,必须采用耐火材料结构。

（7）干式除尘器必须设置爆炸泄压孔。多管除尘器防爆泄压孔覆盖的镀锌板厚度不得超过 0.5 mm。

（8）干燥车间的建筑必须设有直接通到室外的爆炸泄压孔。泄压孔应当能够迅速展开、击穿或破碎。

（9）干燥机正常运转后方可供热炉风进行作业。

（10）干燥车间需使用电、气焊时,必须制定可靠的安全措施,经车间主任、主管厂长批准后,并在安监人员现场监督下方可进行。

（11）干燥机司炉工进行操作时,必须戴防护眼镜,并配备其他耐高温防护用品。禁止司炉工穿戴化纤类服装进行作业。

（12）需进入干燥机内从事检查或检修,必须先停炉降温,并将机内存煤排净和除尘通风后,方可进行。

复习思考题

1. 发生电气火灾应如何扑救?

2. 触电事故发生后,如何使触电者迅速脱离电源?

3. 常见的触电事故的原因有哪些?

4. 安全生产管理包括哪些内容?

第五章　机械维修基本知识

本章主要介绍几种常用工具及使用方法、润滑的基本知识、液压油的分类及选择。

第一节　常用工具及使用方法

脱水工在生产过程中需要对机械设备进行日常的维护和修理工作,除了具备必要的专业知识外,还应掌握一定的工具使用知识和技能。

一、常用钳工工具

(1) 手锤。又称榔头,由锤头和木柄两部分组成。手锤的规格用锤头的质量来表示。锤头用碳素工具钢制成,并经淬火处理。木柄选用较坚固的木材制作而成,长度一般在 350 mm 左右。手锤的握法是将虎口对准锤头的方位,以便施力,木柄尾部露出约 15~30 mm。

(2) 通用扳手。又称活扳手、活络扳手,它的开口宽度在一定范围内可以调节。通用扳手的规格是以长度乘最大开口宽度(单位为 mm)来表示,有 100×14、150×19、200×24、250×30、300×36、3750×46、450×55、600×65 共 8 种规格。工厂中习惯以英寸称呼,如 6 英寸(150×19)、8 英寸(200×24)等,见图 5-1。

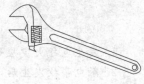

图 5-1　通用扳手

（3）固定扳手。又称呆扳手，它的开口宽度不能调节，有单端开口和两端开口两种形式，分别称为单头扳手和双头扳手。单头扳手的规格是以开口宽度表示，双头扳手的规格是以两端开口的宽度（单位为 mm）表示，如 $8×10$、$32×36$ 等，见图 5-2。

图 5-2　固定扳手

（4）梅花扳手。梅花扳手都是双头形式。它的工作部分为封闭圆，封闭圆内分布了 12 个可与六角头螺栓或螺母相配的牙型。适用于工作空间狭小、不便使用通用扳手和固定扳手的场合。它的规格表示方法与双头扳手相同。

（5）两用扳手。两用扳手的一端与单头扳手相同，另一端与梅花扳手相同，两端适用统一规格的六角螺栓和螺母。

（6）套筒扳手。套筒扳手是由一套尺寸不同的梅花套筒头和一些附件组成，可用在一般扳手难以接近的螺栓和螺母的场合。

（7）内六角扳手。用于旋动内六角螺栓，它的规格是以六角形对边的尺寸来表示，最小规格为 3 mm，最大的为 27 mm。

二、常用电工工具

（1）电笔。电笔是用来检查低压导体和电器外壳是否带电的辅助工具。其检测电压范围为 $60～500$ V。电笔常做成钢笔式结构，前端是金属探头，内部依次装接氖泡、安全电阻和弹簧。弹簧与后端外部的金属部分相接触，使用时手应接触金属部分。

当用电笔测试带电体时，带电体经电笔、人体到大地形成通电回路，只要带电体与大地之间的电位差超过一定的数值，电笔中的氖泡就能发出微弱红光。

使用电笔应注意以下三点：

① 使用电笔前，一定要在有电的电源上检测电笔中的氖泡能

否正常发光。

② 在明亮的光线下测试时,往往不易看清楚氖泡是否发光,所以应当避光检测。

③ 电笔的金属探头多制成螺钉旋具(俗称起子)形状,它只能承受很小的扭矩,使用时应特别注意,以防损坏。

(2) 螺钉旋具。又称螺丝刀、起子、旋凿等。按其头部形状可以分为一字形螺丝刀和十字形螺丝刀两种;按其柄部材料不同,可分为木柄和塑料柄两种。塑料柄具有良好的绝缘性能,适合电工使用。

一字形螺钉旋具,即一字槽螺丝刀,是用来紧固和拆卸带一字槽的螺钉和木螺钉的,它有木柄和塑料柄两种,它的规格用柄部以外的体部长度来表示。常用的有 100、150、200、300 和 400 mm 五种。

十字形螺钉旋具是用来紧固或拆卸十字槽的螺钉和木螺钉的,它也有木柄和塑料柄两种,它的规格用体部长度和十字槽规格来表示。十字槽的规格有四种:I 号适用的螺钉直径为 2～2.5 mm,Ⅱ 号为 3～5 mm,Ⅲ 号为 6～8 mm,Ⅳ 号为 10～12 mm。

多用螺钉旋具是一种组合工具,它的柄部和体部可以拆卸,并附有三种不同尺寸的一字形体部,两种规格(Ⅰ 号和 Ⅱ 号)的十字形体部和一只钢钻。换上钢钻后,可用来预钻木螺钉的底孔。它采用塑料柄,柄部结构与电笔相似,故可兼做电笔。它的规格以全长表示,目前仅有 230 mm 一种。

(3) 钢丝钳。钢丝钳的用途是夹持或者折断金属薄板以及切断金属丝,有铁柄和绝缘柄两种。绝缘柄的钢丝钳可在有电场合使用,其工作电压为 500 V。钢丝钳的规格以全长表示,有 150、175、和 200 mm 三种。

(4) 尖嘴钳。尖嘴钳的头部尖细,适合在狭小的工作空间操作。带有刃口的尖嘴钳能剪断细小的金属丝。尖嘴钳也有铁柄和绝缘柄两种,绝缘柄的工作电压为 500 V。其规格以全长表示,有 130、160、180 和 200 mm 四种。

第二节 润滑油种类及润滑

机械设备中任何可以运动的零部件,在相对运动过程中,接触的表面都存在摩擦现象,可以造成零部件磨损变形,影响精密度,使运转失灵,甚至烧坏零部件,缩短零部件使用寿命。为了控制摩擦阻力,减少传动部件的磨损,延长机械的使用寿命,需在运动的零部件之间加入一层极薄的油类物质,这种物质称作润滑剂。常用的润滑剂有机械油、润滑脂等。

一、机械油

机械油简称机油,分为 10 号、20 号、30 号、40 号、50 号、70 号、90 号等七种牌号。号数越大,黏度越大,闪点和凝点越高。机械润滑油的黏度是否适当,直接关系着机械磨损、加工精度和动力消耗。黏度只表示机械油液体流动的阻力,或者说是液体的内摩擦。油的黏度越大,动力损耗越大。因此,只有根据机械负荷和转速选择适当黏度的机械油,才能保证液体层形成并达到润滑的目的。

在选择合适黏度的机械油润滑设备的运动部件时,必须认真考虑以下六个方面的问题因素。

1. 运动速度

机械运转或滑动速度越高,选定的黏度应越小。因为速度高,油层之间的相对位移量大,油液的内摩擦阻力和因此引起的热量也必然增加。所以,必须选择黏度小的油质才可以降低能量消耗,确保机械动作的灵敏性。

2. 压力关系

单位面积承受的压力愈大,采用的黏度应愈大。因为在高压下,黏度高的油有较大的凝聚力,不易被从摩擦点挤出。

3. 工作温度

当工作地点温度较高时,设备的工作温度也较高,应选用黏度较大的润滑油。一般来说,南方地区比北方地区选用油的黏度要大些。夏季与冬季选用油也要考虑气温的变化,工作温度较高的部件与工作温度较低的部件相比,要选用黏度较大的润滑油。

4. 配合间隙和表面光洁度

机械配合间隙较大或表面加工粗糙的地方,应选用黏度较大的油。这样能形成可靠的油膜,保证润滑良好。反之,表面光洁度高、加工精细的地方,应选择黏度较小的润滑油。

5. 运动特性

当机械在做往复运动、不等速运动、改变载荷、停止或反向,并且有振动和冲击时,容易出现边界摩擦,应使用黏度较大的润滑油。这样可以使运动部件能由连续均匀的油膜来承受这些变化。

6. 给油方式

采用自动循环连续给油系统,以及油芯或毛毡滴油装置,应选用黏度小的油,因小黏度油具有较好的流动性。有时因几种传动装置共用一个给油系统,应以主要机构的要求来确定适宜黏度的润滑油。

另外,对垂直导轨、外露齿轮、链条等,应选用黏度较大的润滑油,减少油的损失消耗。

二、润滑脂

润滑脂又称黄油或干黄油,是一种黏稠的半固体膏状润滑剂。衡量润滑脂的因素主要有滴点和锥入度。滴点是指油脂承受热的程度,即由固态逐渐变成液态时的温度;锥入度用来表示油脂的黏度,锥入度越小说明油脂越硬。

1. 润滑脂的种类

润滑脂的种类主要有钙基润滑脂、复合钙基润滑脂、钙钠基润滑脂和通用锂基润滑脂等。

（1）钙基润滑脂（GB/T 491—2008），又称黄油、软黄油、水泵脂。钙基润滑脂以植物脂肪酸钙皂稠化中等黏度的机械油制成，通常使用的温度为 10～60 ℃。

钙基润滑脂不易溶于水，抗水性强，可使用在水分接触或者潮湿环境中的摩擦部位；钙基润滑脂是以水为胶剂的，在形成结构骨架时起着重要作用，在高温作业中会使水分蒸发，在高速工作时受离心作用能使水甩出，其后果是使结构骨架遭受破坏。因此，钙基润滑脂只能适用于温度为 10～60 ℃和转速不大于 1 500 r/min 的机械上。

（2）复合钙基润滑脂，是以乙酸复合的脂肪酸钙皂稠化全损耗系统用油（40 ℃时运动黏度为 $41.4×10^{-6}$～$90.0×10^{-6}$ m^2/s）制成。具有较好的机械安定性和胶体安定性，适用于较高温度及潮湿条件下摩擦部位的润滑。

（3）钙钠基润滑脂，又称钙钠混合基润滑脂，其中 Na_2O：CaO 应在 3.5：1～4：1，适用于耐水、耐溶，上限工作温度为 80～100 ℃的摩擦部位的润滑。因此在低温情况下不适用。

（4）通用锂基润滑脂（GB/T 7324—2010），具有良好的抗水性、机械安定性、防锈性和氧化安定性，适用于 −20～120 ℃的温度范围内，适用于各种机械设备的滚动轴承和滑动轴承及其他摩擦部位的润滑。

2. 润滑脂适用的工作环境

（1）由于机械运动而发生离心力的作用，使机油不能在金属表面上保持牢固的油膜时，可使用润滑脂。润滑脂不会发生滴落、流失，并能长期润滑零部件。

（2）需经常在水、灰尘、化学气体以及溶剂接触的环境中运转的机械或零部件，可使用润滑脂，它能满足密封和防护的目的。

（3）机械在低速、重负荷及冲击力较大的工作条件下，使用润滑脂,能保持良好的润滑。

润滑脂具备以上描述的功能,主要是因为稠化剂在润滑脂内形成结构骨架。润滑脂被包含在其中,使其具有液体和固体双重机械性能,主要表现在润滑脂良好的黏附性、抗压性和密封性等方面。

3. 润滑脂的选择

合理选择使用润滑脂,可以减少机械磨损,延长机械或零部件的使用寿命,具有一定的经济价值。

(1) 按照轴承类型选用

以滚动轴承为例,润滑脂在填充滚动体之间的空隙后,便能保持在轴承壳体内,不需要经常更换或补充。需注意的是,轴承壳体内装入的润滑脂必须留有余地,不能用润滑脂将所有的容积填满。因为润滑脂是黏稠性的软膏,不像润滑油能起到循环散热作用。若添满了轴承壳,则会导致轴承在运转中工作温度上升,甚至还增加摩擦阻力,消耗动力。

根据工作条件,当轴承转速在 1 500 r/min 以下时,装入的润滑脂约占轴承壳体空间的 2/3;超过 1 500 r/min 时,装入的润滑脂约为 1/2~1/3。外在环境温度高、灰尘多,以及单位负荷大的情况下,可以采用增加补油设备或进行定期添油的办法。

(2) 按工作条件选用

① 工作温度。工作环境处在高温时,由于外壳受热,使轴承升温。如冶金轧钢设备、干燥设备、陶瓷耐火材料用窑车、化工焙烧设备等均在高温环境中工作,这些都应选用闪点高、黏温性能好的润滑油所制的高滴点润滑脂,如锂基脂、钠基脂、复合钙基脂、复合铅基脂、酞青铜脂等。工作环境处于低温时,如在北方严寒地区露天作业的机械,其摩擦部位的工作温度在 -20 ℃ 以下时,应选用低黏度、低凝点的润滑油制出锥入度较大的润滑脂,如锂基脂等。

但要注意,滴点不是使用的最高温度。润滑脂正常使用温度应低于滴点 20～30 ℃(或 40～60 ℃)。因为使用温度越接近滴点,越容易发生润滑脂蒸发、析油和流失。

② 负荷与转速。润滑脂的锥入度大小与机械的负荷和转速有着密切的关系。锥入度小的润滑脂比锥入度大的润滑脂所承受的负荷大,但锥入度小的散热性能不如锥入度大的好。因此,在高速、中速、低负荷的机械上,应选用低锥度润滑油制出锥入度较大的润滑脂,锥入度范围以 2 号为宜。对中速、低速、重负荷的机械,应选用高黏度润滑油制出锥入度较小的润滑脂,锥入度范围在 3号以上为宜。对负荷特大,还有振动、冲击负荷的机械,除了选用锥入度较小的润滑脂外,还要具备较高的油膜强度和极压性能。如钡基脂、二硫化钼润滑脂等。

③ 工作环境。机械摩擦部位的工作环境与润滑脂的应用有密切的关系。在潮湿、与水接触较多的工作环境下应选用防水性、防锈性能较好的润滑脂,如钙基脂、铝基脂、复合铝基脂、钡基脂等;在尘屑较为严重的工作环境中,可选用浓稠的石墨润滑脂;在有腐蚀性化学气体的工作环境中使用硅胶脂。

三、脱水设备常用的润滑油及润滑脂

下面介绍常见脱水设备的润滑油或润滑脂选用情况,见表5-1,表 5-2,表 5-3,如脱水筛、离心脱水机、真空过滤机等。

表 5-1　　　　　直线振动脱水筛常用润滑油的选用

润滑部位及注油(脂)点	注油点个数	注油方式	注油(脂)名称、牌号
激振器轴承	1×2	手工	46 号轴承油
传动轴轴承	2×1	手工	2 号钙钠基脂
花键轴	2×1	手工	2 号钙钠基脂
电机轴承	2	手工	2 号钙钠基脂

表 5-2 卧式离心脱水机常用润滑油的选用

润滑部位及注油(脂)点	注油点个数	注油方式	注油(脂)名称、牌号
润滑系统	1	手工	46 号机械油
主轴轴承	2×1	手工	2 号钙钠基脂
主电机轴承	2	手工	2 号钙钠基脂
激振电机轴承	2	手工	2 号钙钠基脂
激振器轴承	2	油枪	2 号锂基脂

表 5-3 圆盘式真空过滤机润滑油的选用

润滑部位及注油(脂)点	注油点个数	注油方式	注油(脂)名称、牌号
轮叶搅拌器轴承	1×2	手工	2 号钙钠基脂
空心主轴轴承	1×2	手工	2 号钙钠基脂
搅拌电机轴承	1	手工	2 号钙钠基脂
齿轮减速器轴承	2	手工	2 号钙钠基脂
主电机轴承	2	手工	2 号锂基脂
涡轮减速器轴承	1	手工	2 号钙钠基脂
减速机	1	手工	46 号轴承油

第三节　液压油种类及使用

一、液压油的种类

液压油的种类繁多,分类方法各异,长期以来,习惯以用途进行分类,也有根据油品类型、化学组分或可燃性分类的。

1982 年 ISO 提出了《润滑剂、工业润滑油和有关产品—第四部分 H 组》分类,即 ISO 6743/4—1982,该系统分类较全面地反映了液压油之间的相互关系及其发展。GB 7631.2 等效采用 ISO 6743/4 的规定。液压油采用统一的命名方式,其一般形式如下:

类别　　品种　　数字

L　　　HV　　22

其中　L——类别(润滑剂及有关产品,GB 7631.1);

HV——品种(低温抗磨);

22——牌号(黏度级,GB/T 3141)。

液压油的黏度牌号由 GB/T 3141—1994 做出了规定,等效采用 ISO 的黏度分类方法,以 40 ℃运动黏度的中间值来划分牌号,见表 5-4。

表 5-4　ISO 工业液态润滑剂黏度等级与国标新、旧牌号对照表

ISO 黏度等级	黏度中间值 (40 ℃ mm²/s)	运动黏度范围 (40 ℃ mm²/s)		GB/T 3141—1994 黏度等级	
		最小值	最大值	新	旧
ISO VG 3	3.2	2.88	3.52	3	
ISO VG 5	4.6	4.14	5.06	5	4
ISO VG 7	6.8	6.12	7.48	7	6
ISO VG 10	10	9.00	11.0	10	7
ISO VG 15	15	13.5	16.5	15	10
ISO VG 22	22	19.8	24.2	22	15
ISO VG 32	32	28.8	35.2	32	20
ISO VG 46	46	41.4	50.6	46	30
ISO VG 68	68	61.2	74.8	68	40
ISO VG 100	100	90.0	110	100	60
ISO VG 150	150	135	165	150	90
ISO VG 220	220	198	242	220	
ISO VG 320	320	288	352	320	
ISO VG 460	460	414	506	460	
ISO VG 680	680	612	748	680	
ISO VG 1000	1000	900	1100	1000	

二、液压油的选择

由于液压传动具有元件体积小、质量小、传动平稳、工作可靠、

操作方便、易于实现无级变速等优点,因此在许多工业部门的传动系统被采用。不同工业部门由于使用要求、操作条件、应用环境的差异,所用的液压传动系统差别也很大。正确选用液压油品种,确保液压系统长期平稳、安全运行,是保证连续生产、节省材料消耗和提高经济效益的有效措施。

按国际标准化组织 ISO 6743/4—1982《润滑剂、工业润滑油和有关产品—第四部分 H 组》分类,H 组液压系统,根据应用场合不同分为:流体静压系统液压油、液压导轨油、难燃液压油和流体液力系统四类。

根据不同的应用场合应选用不同类型的液压油品种,加上液压泵的类型、工作温度和压力、操作条件和周围环境的不同,选用液压油是一项细致的并要求具备一定油品知识的工作。据统计,液压系统运行的故障绝大部分是由于液压油选用和使用不当引起的,因此,正确选用和合理使用液压油,对液压设备运行的可靠性,延长系统和元件的使用寿命,保证设备安全,防止事故的发生有着重要的意义。特别是在液压系统朝着缩小体积、减轻质量、增大功率、提高效率、增加可靠性和环境友好的方向发展形势下,正确选用液压油显得更为重要。

1. 液压油的选用原则

一般液压设备制造商在设备说明书或使用手册中规定了该设备系统使用的液压油品种、牌号和黏度级别,用户首先应根据设备制造商的推荐选用液压油,但也会遇到用户所用系统的工况和使用环境与设备制造商规定的有一定的出入,需要自行选用液压油的情况。一般可根据下列原则来选用:

(1)确定系统应选用什么类型液压油。这要根据系统的工况和工作环境来确定。

(2)确定系统应选用什么黏度级别的液压油。

(3)了解所选用液压油的性能。

（4）了解产品的价格。

2．液压油品种的选择

根据工作环境和工况条件选择液压油的品种。在选用液压设备所使用的液压油时，应从工作压力、温度、工作环境、液压系统及元件结构和材质、经济性等几个方面综合考虑和判断。环境因素有：地上、地下、室内、野外、沿海、寒区、高温和明火。使用工况：泵的类型、压力、温度、材质、密封材料和运行时间。油品性质：理化性能特点。经济性：使用时间、换油期和价格。

（1）工作压力

主要对液压油的润滑性（即抗磨性）提出要求。高压系统的液压元件特别是液压泵中处于边界润滑状态的摩擦副，由于正压力加大，速度高而使摩擦磨损条件较为苛刻，必须选择润滑性即抗磨性、极压性优良的 HM 油。按液压系统和油泵工作压力选用液压油，压力＜8 MPa 用 L-HH、L-HL（叶片泵则用 L-HM），压力 8～16 MPa 用 L-HL、L-HM、L-HV，压力＞16 MPa 用 L-HM、L-HV液压油。液压系统的工作压力一般以其主油泵额定或最大压力为标志。

（2）工作温度

系指液压系统液压油在工作时的温度，其主要对液压油的黏温性和热安定性提出要求，工作温度－10～90 ℃用 L-HH、L-HL、L-HM 液压油，低于－10 ℃用 L-HV、L-HS，工作温度＞90 ℃选用优质的 L-HM、L-HV、L-HS。环境温度和操作温度一般关系为：液压设备在车间厂房，正常工作温度比环境温度高15～25 ℃；液压设备在温带室外，高 25～38 ℃；在热带室外日照下，高40～50 ℃。

（3）工作环境

一方面要考虑液压设备工作的环境是室内还是室外，地下或水上，以及是否处于冬夏温差大的寒区、内陆沙漠区等工作环境；

另一方面,若液压系统靠近 300 ℃ 以上高温的表面热源或有明火场所,就要选用难燃液压油。

按使用温度及压力选择难燃液压油:高温热源或明火附近,压力在 7 MPa 以下、温度<50 ℃,用 L-HFAE,L-HFAS;压力7~14 MPa、温度<60 ℃,用 L-HFB、L-HFC;压力 7~14 MPa、温度 50~80 ℃,用 L-HFDR;压力>14 MPa、温度 80~100 ℃,用 L-HFDR。

(4) 设备类型

① 根据摩擦副的形式及其材料。叶片泵的叶片与定子面与油接触在运动中极易磨损,其钢—钢的摩擦副材料,适用于以 ZDDP(二烷基二硫代磷酸锌)为抗磨剂的 L-HM 抗磨液压油;柱塞泵的缸体、配油盘、活塞的摩擦形式与运动形式也适于使用 HM 抗磨液压油,但柱塞泵中有青铜部件,由于此材质部件与 ZDDP 作用产生腐蚀磨损,故有青铜件的柱塞泵不能使用以 ZDDP 为添加剂的 HM 抗磨液压油。同时,选用液压油还要考虑其与液压系统中密封材料相适应。

一般叶片泵可选用含锌型抗磨液压油,柱塞泵最好选用无灰型油。叶片泵压力高于 15 MPa、柱塞泵压力高于 30 MPa、两种型号泵同时存在的液压系统,应选用符合 Denison HF-0 规格的油品。

② 齿轮泵、叶片泵和柱塞泵是液压系统中主要的泵类型。液压油的润滑性对三大泵类减磨效果的顺序是叶片泵>柱塞泵>齿轮泵。故凡是叶片泵为主油泵的液压系统不管其压力大小宜选用 HM 油。液压系统的精度越高,要求选用的液压油清洁度也越高,如对有电液伺服阀的闭环液压系统要求用数控机床液压油,此两种油可分别用高级 HM 和 HV 液压油代替。试验表明:三类泵对液压油清洁度要求的顺序是柱塞泵高于齿轮泵与叶片泵;对极压性能的要求顺序是齿轮泵高于柱塞泵与叶片泵。根据泵阀类型

及液压系统特点选择液压油参照表 5-5。

表 5-5 根据泵阀类型及液压系统特点选择液压油参照表

设备类型	系统压力/MPa	系统温度/℃	润滑油类型	黏度等级
叶片泵	<7	5～40	HM 型液压油	32、46
	>7	40～80	HM 型液压油	46、68
	<7	5～40	HM 型液压油	46、68
	>7	40～80	HM 型液压油	68、100
齿轮泵	—	5～40	HL 型液压油,中高压以上时用 HM 型液压油	32、46、68
	—	40～80	HL 型液压油,中高压以上时用 HM 型液压油	100、150
径向柱塞泵	—	5～40	HL 型液压油,中高压以上时用 HM 型液压油	32、46
	—	40～80	HL 型液压油,中高压以上时用 HM 型液压油	68、100、150
轴向柱塞泵	—	5～40	HL 型液压油,中高压以上时用 HM 型液压油	32、46
	—	40～80	HL 型液压油,中高压以上时用 HM 型液压油	68、100、150

3. 液压油黏度的选择

选定合适的品种后,还要确定采用什么黏度级别的液压油才能使液压系统在最佳状态下工作。黏度选用过高虽然对润滑性有利,但增加系统的阻力,压力损失增大,造成功率损失增大,油温上升,液压动作不稳,出现噪声。过高的黏度还会造成低温启动时吸油困难,甚至造成低温启动时中断供油,发生设备故障。相反,当液压系统黏度过低时,会增加液压设备的内外泄漏,液压系统工作压力不稳,压力降低,液压工作部件不到位,严重时会导致泵磨损增加。

选用黏度级别首先要根据泵的类型决定,每种类型的泵都有适用的最佳黏度范围:叶片泵为 $25\sim68\ mm^2/s$,柱塞泵和齿轮泵都是 $30\sim115\ mm^2/s$;叶片泵的最小工作黏度不应低于 $10\ mm^2/s$,而最大启动黏度不应大于 $700\ mm^2/s$;柱塞泵的最小工作黏度不应低于 $8\ mm^2/s$,最大启动黏度不应大于 $1\ 000\ mm^2/s$;齿轮泵要求黏度较大,最小工作黏度不应低于 $20\ mm^2/s$,最大启动黏度可达到 $2\ 000\ mm^2/s$。

选用黏度级别还要考虑泵的工况,使用温度和压力高的液压系统要选用黏度较高的液压油,可以获得较好的润滑性;相反,温度和压力较低,应选用较低的黏度,这样可节省能耗。此外,还应考虑液压油在系统最低温度下的工作黏度不应大于泵的最大黏度。

复习思考题

1. 常用的钳工工具有哪些?

2. 常用的电工工具有哪些?

3. 选择合适黏度的机械油润滑设备的运动部件时,必须认真考虑哪些方面的问题因素?

4. 液压油选择时应遵循哪些原则?

第三部分
中级脱水工知识要求

第六章　产品中水分的赋存状态

本章主要介绍水分的赋存状态和物料性质与含水量的关系。

第一节　水分的赋存状态

煤中的水分包括成矿过程水分、开采水分、分选加工及运输和储存过程加入的水分。这些水分以不同形态赋存于物料中。水分赋存的形态通常有四种,即化合水分、结合水分、毛细血管水分和自由水分。

一、化合水分

水分和物质按固定的质量比率直接化合,成为新物质的一个组成部分。它们之间结合牢固,只有在加热到物质晶体被破坏的温度时,才能使化合水分释放出来。这种水分含量不大,即使在热力干燥过程中,也不能通过蒸发除去。

二、结合水分

在固体物料和液相水接触时,在两相的接触界面上,由于其物理化学性质与固体内部的物理化学性质不同,位于固体或液体表面的分子具有表面自由能,将吸引相邻相中的分子。该吸引力使气体分子或水蒸气分子在固体表面吸附,其水汽分子压小于同温度下纯水的蒸汽压。在吸附了水分子以后,即在固体表面形成一层水化膜,其厚度为一个水分子或数个水分子。该部分水分又可细分为强结合水和弱结合水。

1. 强结合水

强结合水又称吸附结合水,是指紧靠颗粒表面与表面直接水化的水分子,及稍远离颗粒表面由耦极分子相互作用定向排列的水分子。前者由于静电引力和氢键力的作用,水分子可牢固地吸附于颗粒的表面,此种水具有高黏度和高抗剪切强度,受温度的影响很小。后者与颗粒表面联系较弱,但仍有较高的黏度及抗剪切强度。

2. 弱结合水

弱结合水指与颗粒表面联系较弱的强结合水,在温度、压力出现变化时,耦极分子之间的连接被破坏,使水分子离开颗粒表面,在距其稍远部位形成的一层水。该层水受渗透吸附作用控制,亦称吸附水。渗透吸附水是结合水向自由水过渡的一层水,结构上常具有氢键连接的特点,但水分子无定向排列现象。

通常进入双电层、紧密层的水分子为强结合水,在双电层扩散层上的水分子为弱结合水。结合水与固体结合紧密,不能用机械方法脱除,用干燥法能去除一部分,但当物料再次与湿度大的空气接触时,那部分水分又会被吸收回来。

三、毛细管水分

松散物料的颗粒与颗粒之间形成许多孔隙,当孔隙较小时,将引起毛细血管现象,水分子可保留在这些孔隙内;煤本身也存在裂缝与孔隙,同样可以保留水分,这些水分统称为毛细管水分。

物料的毛细管水分与孔隙度有关。孔隙度越大,可能保留的水分越多。毛细管水分根据所采用的脱水方法及毛细管直径的大小,可脱除一部分,但不能全部脱除。

四、自由水分

自由水分也称重力水分,存在于各种大孔隙中,其运动受重力场控制;是最容易被脱除的水分。

第二节　物料性质与含水量的关系

一、孔隙度

一般把物料中孔隙部分与总容积的比值叫做孔隙度。物料间孔隙度越大,积存水量越多,但毛细管作用较弱,脱水较容易;孔隙越小,毛细管作用越强,脱水越困难。

二、比表面积

比表面积用单位质量物料所具有的总表面积表示。显然,物料的比表面积越大,表面吸附水越多,脱水越困难。

三、润湿性

物料表面疏水性越强,物料与水的相互作用越弱,脱水越容易。

四、细泥含量

物料中细泥充填于物料孔隙间或吸附于物料表面上,增加了毛细管作用力、物料的比表面积和吸水强度,会使物料脱水困难。

五、粒度组成

物料的粒度组成决定物料的孔隙度、毛细管和比表面积,因而影响含水多少和脱水难易。颗粒越大,脱水越易;颗粒越小,脱水越难。

六、脱水方法与水分含量的关系

脱水方法不同,颗粒表面剩余水分也不同。脱水时加振动及离心力过滤均可降低含水量。如增加振动,使物料互相挤紧,迫使间隙中的水分排出;因离心力比重力大,可以克服毛细管吸力,使颗粒间毛细管中水分尽量排出,因而水分显著下降。

复习思考题

1. 什么是化合水分?

2. 什么是毛细管水分?

第七章 脱水工艺的原理及设备构造

　　脱水工在岗位操作中,除了要对设备是否正常运转进行判断外,对相关的脱水原理及相应的脱水设备构造也要有一定的了解。本章主要介绍几种典型脱水设备的构造、工作原理、滤布的选择方法和使用范围、助滤剂等。

第一节 筛分脱水原理及设备构造

　　筛分脱水是物料以薄层通过筛面时水分与颗粒脱离的过程。脱水筛是选煤厂使用最广泛的脱水设备之一,通常将分级用的筛分设备做相应的改造即可用于脱水。

一、筛分脱水原理

　　将带有水的煤进行筛分称为脱水筛分。用于产品脱水的筛分机称为脱水筛。脱水筛脱水的原理是利用水分本身的重力达到脱水的目的。物料在筛面上铺成薄层,在沿筛面运动的过程中,受到筛分机械的强烈振动,使水分很快从颗粒表面脱落,进入筛下漏斗。经脱水筛脱水后的产品水分一般为:块精煤 7%～9%,末精煤 15%～18%,中煤 14%～16%,煤泥 24%～28%。

二、直线振动筛构造

　　直线振动筛又称双轴振动筛。其筛箱振动轨迹是直线,筛面水平安装,物料在筛面上的移动不是依靠筛面的倾角,而是取决于振动方向的方向角。我国目前主要生产和使用的直线振动筛有吊式和坐式,这些筛子又分单层和双层。无论吊式还是坐式直线振动筛,均由筛箱、激振器及弹簧或吊挂装置组成,见图7-1。

筛网是脱水筛的主要工作部件,应具有足够的机械强度、最大的开孔率、且筛孔不宜堵塞等性质。常用的筛网有板状筛网、编织筛网和缝条筛网等。通常脱水采用编织筛网和缝条筛网,脱水兼分级时也可采用板状筛网。筛网固定在筛箱上,必须张紧。因脱水筛筛孔通常较小,先将筛网用螺栓经压板固定在框架上,再将框架固定在筛箱上。紧固方式采用压木和木楔。

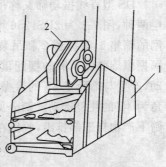

图 7-1 双轴直线振动筛

1——筛箱;2——激振器

图 7-2(a)是双轴振动筛的原理图。筛箱挂在弹簧上,利用激振器产生的定向激振力,使筛箱做倾斜的往复运动。图 7-2(b)是激振器的工作原理图。当主动轴和从动轴的不平衡重相对同步回转时,在各瞬时位置中,离心力沿 x-x 方向的分力总是互相抵消,而沿 y-y 方向的分力总是互相叠加,因此,形成单一的沿 y-y 方向的激振力,驱动筛子做直线运动。在图 7-2(b)①和图 7-2(b)③的位置上,离心力完全叠加,激振力最大;在图 7-2(b)②和图 7-2(b)④的位置上离心力完全抵消,激振力为零。

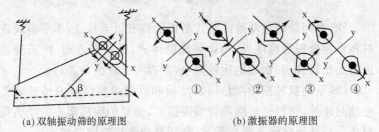

(a) 双轴振动筛的原理图　　　　　　(b) 激振器的原理图

图 7-2 双轴振动筛的原理图

1. DS 型和 ZS 型直线振动筛

DS 型直线振动筛又称吊式双轴振动筛,这种筛子有双层和单层两种,图 7-3 为 2DS1256 型双轴振动筛的构造。筛子由双层筛网的筛箱 1、激振器 2 和吊装装置组成。吊装装置包括钢丝绳 3、隔振螺旋弹簧 4 和防摆配重 5。倾斜装设的激振器由电动机 6 带动,产生与筛面呈 45°的激振力。筛箱在激振力的作用下,做抛射角为 45°的往复运动。筛分原料从后部加入,在筛面上跳跃前进,筛下产物自下部排出,收集在筛下漏斗中。

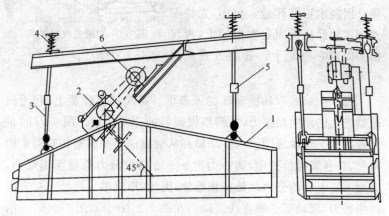

图 7-3 DS 型直线振动筛

1——筛箱;2——激振器;3——钢丝绳;4——隔振螺旋弹簧;

5——防摆配重;6——电动机

DS 系列双轴振动筛的箱式激振器具有以下特点:不平衡块成对布置在激振器箱体外;箱体做成整体式,没有剖分面,在承受激振力上比较合理,制造也比较简单,但拆装比较困难。

DS 系列双轴振动筛是用钢丝绳和隔振弹簧组成的吊挂装置悬挂起来的,通过钢丝绳和弹簧隔振后,筛子传到机架上的动负荷很小。吊挂钢丝绳上装有配重,作用是防止筛箱横向摆动。

ZS 系列直线振动筛是坐式双轴振动筛,有单层和双层两种。

图 7-4 为 2ZS1756 双轴振动筛的结构外形,筛箱支撑在支承装置上,支承装置共四组,包括压板、座耳、弹簧和弹簧座。座耳为铰链式,便于调整筛箱的角度。更换弹簧座可以把筛箱倾角调整成 0°、2.5°和 5°的位置。

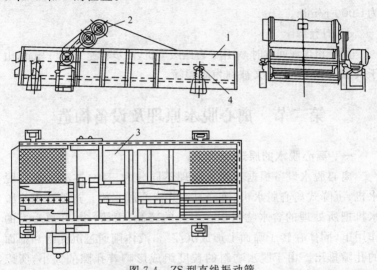

图 7-4　ZS 型直线振动筛

1——筛箱;2——激振器;3——筛网;4——弹簧

ZS 系列双轴振动筛采用筒式激振器,与箱式激振器相比,具有以下优点:高度小、重量轻,增加了座式筛子工作中的稳定性;激振力相当于沿整个筛宽匀载荷,较易保证安装精度;偏心轴的加工较方便;皮带轮在圆筒侧壁以外,便于布置传动的电动机。

缺点是由于皮带轮与齿轮放在圆筒侧壁以外,筛子宽度增大,同时,两侧需要留有一定的检修和操作位置。

2. ZK 型直线振动筛

ZK 型直线振动筛均采用块偏心激振器。ZK 型直线振动筛是利用自同步原理设计的双电机拖动地进行工作,它有两个独立的激振器,互相没有任何联系。采用两台型号完全一样的电机通过挠性联轴器或万向联轴器驱动,当电机转速达到一定速度后,两个激振器的转动会自动同步,并在某一方向上激振力抵消,而在另一方面进行叠加,形成一定方向的直线振动。电机有四级和六级两种,中、细颗粒脱水、脱泥、脱介时,采用 2 台六级电机,同步转速为 1 000 r/min。

3. 高频筛

用于粗煤泥回收时,采用 2 台四级电机,同步转速 1 500 r/min,由于其振动频率较高,又被称为高频筛。

第二节　离心脱水原理及设备构造

一、离心脱水的原理

离心脱水设备根据其脱水原理不同分为三种:过滤式离心脱水机、沉降式离心脱水机、沉降过滤式离心脱水机。过滤式离心脱水机把所处理的含水物料加在多孔的转筒(筛篮)中,在离心力的作用下,固体在转子筛面上形成沉淀物,液体则通过沉淀物和筛面的孔隙排出。由于脱水物料的粒度组成影响着孔隙的大小,所以脱水效果受粒度组成的影响较大。利用过滤原理进行脱水的过滤式离心脱水机多用于末煤脱水,末精煤脱水后水分一般为 8%～10%。离心沉降是把固体和液体的混合物加在筒形(或锥型)转子中,由于离心力的作用,固体在液体中沉降,沉降后的固体进一步受到离心力的挤压,挤出水分达到固液分离。利用沉降原理脱水的沉降式离心脱水机主要用于尾煤泥的脱水,煤泥经离心机脱水后的水分一般为 24%～28%。既利用过滤原理又利用沉降原理的沉降过滤式离心脱水机则可用于浮选精煤和粗粒浮选尾煤的脱水,煤泥和浮选精煤离心脱水后的水分一般为 20%～24%,浮选尾煤的水分一般为 25%～30%。

离心脱水机利用离心力进行固液分离。其离心力要比重力场中的重力大上百倍甚至上千倍,通常用分离因素表示这一关系,亦称离心强度。分离因素是表示离心机特征的一种指标,分离因素越大,物料所受的离心力越强,固体和液体分离的效果越好。但是对于选煤用的离心机,不适当地提高其分离因素会引起不利的影响。离心力提高以后容易把煤破碎,从而增加煤在滤液中的损失;而且,动力消耗也相应加大,对设备要求更高。在选煤厂中,采用过滤原理的离心机,分离因素一般在 80～200;采用沉降原理的离心机,分离因素一般为 500～1 000。

二、刮刀卸料离心脱水机构造

全机主要由五部分组成:传动系统、工作部件、机壳、隔振装置和润滑装置。其中,机壳为不动部件,主要对筛网起保护作用,并降低从筛缝中甩出的高速水流的速度。隔振系统是为了减少离心脱水高速旋转时,对厂房造成的振动。润滑系统是为了保证传动系统灵活运转。

1. 机体结构

(1) 筛篮

在图 7-5 中,筛篮上有扁钢焊接成的圆环骨架 1,上面绕着一排排断面是梯形的筛条 3,筛条用拉杆 2 穿着,构成一个整体结构。将整体的筛篮用螺栓安在铸钢钟形罩的轮缘上,筛篮便可随钟形罩旋转。因此筛篮的装卸非常方便,只要拧动几个螺栓便可进行装卸。

筛篮是过滤式离心机的工作表面,是保证离心机正常工作的重要部件,筛篮的内表面应保证圆形。采用刮刀卸料的过滤式离心机的筛条都是顺圆周排列,这样便于筛面制造时压成弧形。缝条筛面的缝隙通常为 0.5～0.35 mm,在保证产物水分的前提下,减小筛缝可以减轻筛条的磨损,延长筛网的寿命,并减少离心液中的固体含量。

离心机工作时,筛篮以中等转速转动,因此安装前后都必须进行动平衡实验。

(2) 刮刀转子

固定刮刀的钟形转子用铸钢制造（图 7-5），沿转子圆锥形外壁铸出 16 条螺旋形肋缘，形状相似的刮刀用螺栓固定在肋缘上，并与转子旋转方向相背。刮刀用 A5 钢板制成，刮刀磨损后可整体更换。钟形转子顶端有一个与芯轴一样粗细的圆孔，转子支承在芯轴上端的突缘上，用螺栓固定。

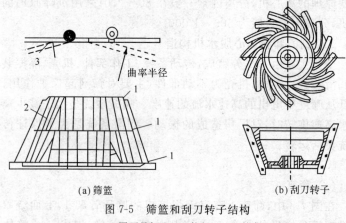

(a) 筛篮　　　　　　　　　(b) 刮刀转子

图 7-5　筛篮和刮刀转子结构

1——圆环骨架；2——拉杆；3——筛条

转子装上新刮刀后，要用车床加工，使之成为规整的锥形，以保持转子的动平衡。

筛篮和刮刀之间的间隙，对离心机的工作影响很大。配合间隙越小，筛面上滞留的煤也越多，离心机的载荷越轻，筛缝被堵塞的现象也越少，这有利于脱水；配合间隙越大，筛面上会黏附一层落不下来的煤，脱水的煤流只能沿煤层滑动，这样会加大移动阻力。生产中，配合间隙应为（2±1）mm，如间隙因磨损而加大，应及时调整。增减芯轴凸缘上的垫片，可以使刮刀转子升高或降低以调整间隙。如果磨损太严重，则应更换新刮刀。

（3）分配盘

如图 7-6 所示，分配盘是用球墨铸铁铸成，并用螺栓固定在刮刀体上。当刮刀转动时,分配盘上的物料被均匀地甩向筛篮内壁,从而改善离心机的脱水效果。

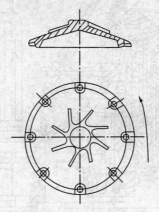

图 7-6　分配盘

（4）传动系统

LL—9 型离心脱水机的传动系统见图 7-7,它的主要部件是一根贯穿离心脱水机的垂直心轴 7,在心轴 7 上套着空心套轴 6,离心机下部装有减速器。空心套轴 6 和心轴 7 通过齿轮 11、12、13、14 与由电动机 2 带动旋转的中间轴 1 连接。空心套轴 6 与心轴 7 分别与筛篮 3 和刮刀转子 8 相连,同时旋转,而且方向相同。齿轮 11 齿数为 72,齿轮 12 齿数为 71,齿轮 13 和 14 齿数为 88。所以当中间轴转速为 683 r/min(电动机转速为 735 r/min)时,筛篮的转速为 558 r/min,刮刀转子的转速为 551 r/min,因此使筛篮和转子之间形成的速差为 7 r/min,两者保持不大的相对运动,并决定了物料在离心机中的停留时间。

（5）隔振装置

离心脱水机在较高的转速下工作,虽然在装配回转部件前已做过动平衡试验,但实际使用时仍不免有振动和摇摆的现象。原因是:

① 装配和安装电动机时有误差和互相摩擦的地方,以致转子

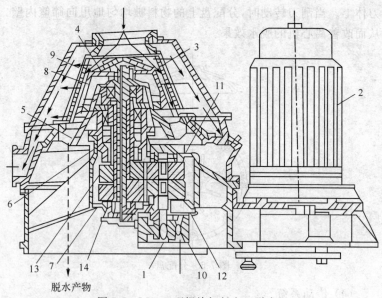

脱水产物

图 7-7　LL—9 型螺旋卸料离心脱水机

1——中间轴；2——电动机；3——筛篮；4——给料分配盘；

5——钟形罩子；6——空心套轴；7——垂直心轴；8——刮刀转子；

9——筛网；10——皮带轮；11、12、13、14——斜齿轮

的旋转轴线与铅直轴线偏离，而产生倾倒力矩，在水平面发生有节奏的振动。另外，垂直安装的电动机重心高，具有不稳定性，很容易失去平衡。

②　离心机回转部件磨损后，质量不均匀，工作中失去平衡而产生振动。

③　单位时间内离心机给料不均匀或分配盘向四周甩料不均匀，也是产生振动的主要原因。

为了减小机器振动对厂房结构的不利影响，LL—9 型离心脱水机采用了隔振弹性地脚螺栓(图 7-8)。它是由地脚螺栓 1、弹性橡胶块 2 及金属保护外套 4 组成。安装时，必须把地脚螺栓拧紧到规定的程度，否则将不能充分发挥橡胶块的弹性隔振作用。橡

胶块被压缩时,其外径向外膨胀 1 mm,即达到工作压力,此时,足以吸收离心机和电动机产生的最大振动。

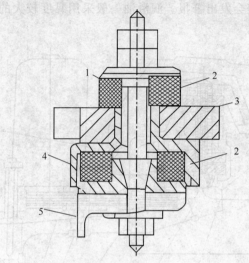

图 7-8　隔振地脚螺栓

1——地脚螺丝;2——弹性橡胶块;3——离心机外壳地缘;
4——金属保护外套;5——槽钢

　　弹性地脚螺栓隔振的优点是:结构简单、工作可靠、尺寸小、不影响设备高度、消耗金属量少、价格便宜、安装和拆卸方便。在使用的过程中,弹性地脚螺栓周围应保持清洁,防止被杂物和煤粒等堵塞,而失去弹性,丧失吸收振动的作用。当弹性地脚螺栓的弹性橡胶块老化后,需要更换。

　　(6) 润滑系统

　　离心脱水机的传动系统用稀油压力循环润滑,润滑系统见图7-9。齿轮油泵 3 将油箱 1 中的油从滤油器 2 中吸出,在 0.1 MPa的压力下沿输油管 4、5、6、7 和芯轴的中心油道 8,将油分别送到减速器和各滚柱轴承中。管 7 的上端带有喷嘴,喷油润滑斜齿轮后通过芯轴和空心套轴之间的孔隙落入减速器内,然后借自重沿回油管 9 返回油箱。油管与接触式压力表 10 和油压表 11 相接，以表示工作时的油压。若压力超过 0.35 MPa 或低于 0.05 MPa，接触式压力表会发出警报。润滑油一般采用黏度较大的机械油，如 40～60 号。

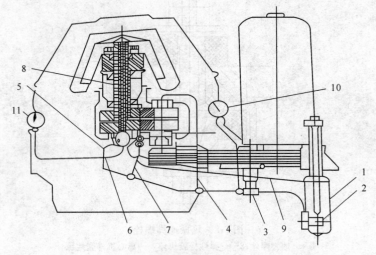

图 7-9　润滑系统

1——油箱；2——滤油器；3——齿轮油泵；4、5、6、7——输油管；
8——中心油道；9——回油管；10——压力表；11——油压表

离心脱水机的其他地方采用甘油单独润滑。

三、卧式振动卸料离心脱水机构造

在卧式振动卸料离心脱水机中，物料在筛篮内除受径向旋转的离心力作用外，还受轴向振动的惯性力作用，重力比离心力小得多，因此将其忽略。WZL—1000 型卧式振动离心脱水机由工作部件、回转部件、振动系统和润滑系统四大部分组成。其构造如图 7-10 所示。

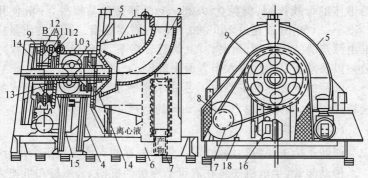

图 7-10 WZL—1000 型卧式振动离心脱水机结构图

1——筛篮;2——给料管;3——主轴套;4——长板弹簧;5——机壳;6——机架;

7——橡胶弹簧;8——主动电机;9、17——胶带轮;10——偏心轮;

11——缓冲橡胶弹簧;12——冲击板;13——短板弹簧;14——轴承;

15——主轴;16——激振用电机;18——三角带

1. WZL—1000 型离心脱水机的主要部件

(1) 筛篮

筛篮是离心机的主要工作部件(见图 7-11),由筛座和筛框两部分组成,用不锈钢楔形筛条焊接而成。筛篮的斜度为 13°,筛条

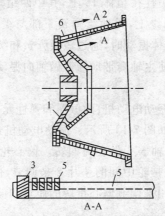

图 7-11 卧式振动离心机的筛篮

1——筛座;2——筛框;3——支杆;4——横梁;5——筛条;6——衬圈

沿锥体的母线排列,缝隙为 0.25 mm。筛篮是易损件,一般使用 1 500～2 000 h(或通过 150 000 t 煤)后需要更换。筛篮的质量标准由筛篮的结构强度、耐磨性能、筛缝合格率、几何形状公差、尺寸公差以及动不平衡度等六个方面来确定。

筛篮的报废标准主要由工艺要求来确定。对于 3～6 mm 的洗精煤脱水,实际筛隙 $B>0.6$ mm 的超过 90% 即可报废。

(2) 回转系统

回转系统主要包括传动装置、主轴装置和支承装置三个部分。

传动装置:主电机安装在有可动座板的机架上,座板和机架之间有拉紧螺栓,用以调节传动胶带的松紧。装在电动机出轴上的小胶带轮,用螺栓通过轴端将其压紧,以防工作时小胶带轮松脱。

主轴装置:主轴的锥形轴端装有工作系统的筛篮,并用压板 5 将其紧固,靠轴与筛篮两者锥面之间的摩擦力传递力矩,促使筛篮转动。

支承装置:支承装置由密封盖、轴承座、主轴套、缓冲盘、轴承盖等零件组成,从图 7-12 可以看出,密封盖 10 与轴承座 11 用螺栓紧固,轴承盖 13 与缓冲盘 14 用螺栓连接。整个主轴装置是靠六组短板弹簧 16 吊挂在箱体 15 上,其中四组短板弹簧下部用螺栓固定在主轴套凸缘上,另两组弹簧下部与缓冲盘用螺栓紧固。当激振装置带动箱体振动时,通过短板弹簧和缓冲橡胶弹簧 17 是主轴套振动,从而使主轴套带动筛篮做轴向振动。

(3) 振动系统

该系统包括:振动电动机、激振器和弹性元件三部分。

激振器:原理如图 7-13 所示。振动电动机通过剖分式胶带轮 1 和齿轮 3、4 带动轴 5、6 做相对回转。偏心轮 7 的回转速度,可以借加减剖分式胶带轮中间的垫片 2 来调节,偏心轮上的圆孔中可以插入圆柱销,用来调节偏心重块的质量和偏心距,以增减偏心轮所产生的激振力。

弹性元件:卧式振动离心脱水机的弹性元件是指缓冲橡胶弹

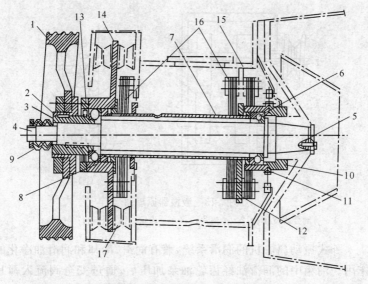

图 7-12 卧式振动离心机回转系统

1——大胶带轮轮辐;2——轮毂;3——轴颈套;4——主轴;5——压板;6——轴承;

7——主轴套;8——垫环;9——蝶形弹簧;10——密封盖;11——轴承座;

12——主轴套凸缘;13——轴承盖;14——缓冲盘;15——箱体;

16——短板弹簧;17——缓冲橡胶弹簧

簧、短板弹簧、长板弹簧和隔振橡胶弹簧四种。这四种弹簧元件把整台机器组成一个三质量振动系统。从图 7-10 可以看出,第一个振动质量由机壳 5、偏心轮 10 和冲击板 12 等主要部件组成;第二个振动质量由旋转体(筛篮 1、主轴 15、胶带轮 9 和轴承 14)和主轴套 3、缓冲橡胶弹簧 11 等部件组成;第三个振动质量是底架(包括底架、油路系统和传动电动机等部件)。由于机架实际上的振幅很小,所以可以认为它不振动。因此,卧式振动离心机的振动系统可以看做是双质量非线性振动系统。

(4) 润滑系统

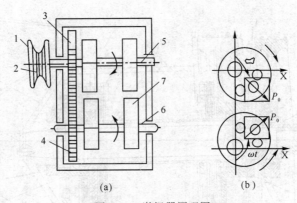

图 7-13 激振器原理图

1——剖分式皮带轮;2——垫片;3、4——齿轮;5、6——轴;7——偏心轮

卧式振动离心机的润滑系统,兼有润滑、冷却和润滑油净化的作用。油箱中的润滑油经齿轮油泵加压后,通过安全阀流入薄片式过滤器中,过滤后的压力油,先后润滑离心机的主轴承和激振器的轴承,然后集中在封闭的箱体中,经回油管流回油箱。在润滑轴承的过程中,对激振器的传动齿轮也进行了润滑。油箱中有测量油温的温度计及油位指示器。安全阀的作用是控制压力油的压力,当油压超过正常数据时,通过里面弹簧的作用,润滑油可顺着回油管流回油箱,从而使油压降低。

四、立式振动卸料离心脱水机

立式振动卸料离心脱水机主要用于 $13 \sim 0.5$ mm 精煤脱水,最大粒度也可达到 $50(75)$ mm,处理能力较大,产品表面水分为 $5\% \sim 9\%$,这里以 LZL—1000 型立式振动卸料离心脱水机举例说明(见图 7-14),脱水的物料由给料筒 9 的环形空间给到转子底部,物料受离心力和轴向振动的共同作用,沿锥形筛网上升,并进行脱水。透过筛孔的滤液,经溜槽 11 排出,脱水产品由锥体上端排出。

1. 机体结构

(1) 筛篮(见图 7-14)

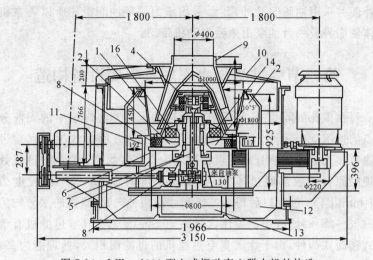

图 7-14　LZL—1000 型立式振动离心脱水机的构造

1——筛篮;2——底座圆盘;3、14——橡胶缓冲器;4——激振头;5——空心轴套;
6——胶带轮圆盘;7——曲轴;8——连杆;9——给料筒;10——机壳;
11——溜槽;13——油箱;15——减振圆盘

筛篮 1 为倒截头圆锥体,筛面由不锈钢条缝筛板制成,两截头圆锥用环形钢板焊接,并用螺栓固定在底座圆盘 2 上。其下部通过橡胶缓冲器 3 与传动胶带相连,筛篮 1 用螺栓 7 与激振头 4 相连,这样就使筛篮产生两种方向的运动。

（2）传动系统

LZL—1000 型立式振动离心脱水机有两套传动系统,一套是回转系统,另一套是往复运动,前者是通过立式电动机,经过三角胶带,带动与筛篮相连接的胶带轮做回转运动。安装在空心轴套上的连杆与偏心轴套用铰链连接在一起,偏心轴颈的偏心距为 4 mm。电动机经过三角胶带带动传动轴旋转,并通过曲轴连杆机构使筛篮上下往复运动。

离心机的轴承全部采用滚柱轴承。除传动轴的轴承位于机体外面并采用油脂润滑外,其余采用压力循环油润滑。所以需在机体侧面另设一台油泵由单独电动机带动。

第三节 过滤脱水原理及主要设备构造

在多孔的隔膜上,利用隔膜两边的压力差将煤浆中的固液分离的过程称为过滤。用真空抽吸造成压力差的过滤称为真空过滤。实现这种固液分离的设备称之为真空过滤机。真空过滤机处理的原料一般都经过浓缩,其煤浆浓度为 25%~50%,粒度为 1 mm 以下。过滤以后得到滤饼和滤液两种产物,滤饼的水分约为 24%~28%,滤液中的固体含量为 40~60 g/L。真空过滤机有盘式和筒式两种,由于盘式真空过滤机的过滤面积大,处理能力高,更换滤布方便,所以在选煤厂中被广泛使用。

一、PG 型圆盘式真空过滤机的构造

国产圆盘式真空过滤机的规格是用过滤机的过滤面积和圆盘数目来表示的。图 7-15 是 PG58—6 型(P 表示盘式、G 表示过滤机、58 表示过滤面积 58 m²,6 表示 6 盘)圆盘式真空过滤机的构造,它由槽体、主轴、过滤盘、分配头、瞬时吹风装置等五部分组成。

槽体 1 是过滤机的基体,由钢板焊制而成。它除了储存煤浆外,还起支撑过滤机零件的作用。槽体的正面设有排料斗(剖视 A 的位置),滤饼由此推出;槽体的后面有溢流口,将煤浆保持在一定的水平高度;在槽体的下部装有轮叶式搅拌器 2,防止煤浆在槽体内沉淀;电动机通过涡轮减速器 3 带动搅拌器以 60 r/min 的速度回转,搅拌器可以保持槽体内的煤浆呈悬浮状态。

空心主轴 4 安装在槽体的中间,同时由五段空心轴组成,轴的断面有十个滤液孔。主轴上装有六个过滤圆盘 5,每个圆盘由十块扇形过滤板组成,用螺栓、压条和压板固定在主轴上。每块过滤板外面均包有滤布,内腔则与主轴内的滤液孔相通,当主轴转动

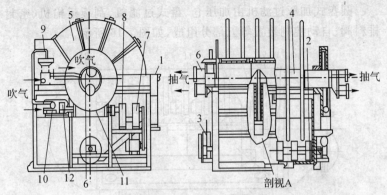

图 7-15　PG58—6 型圆盘式真空过滤机构造图

1——槽体；2——轮叶式搅拌器；3——蜗轮减速器；4——空心主轴；

5——过滤圆盘；6——分配头；7——无级变速器；8——齿轮减速器；

9——风阀；10——控制阀；11——蜗轮蜗杆；12——蜗轮减速器

时,过滤圆盘随之转动。由于分配头 6 安装在主轴的两边端面,并固定在支架上,所以在主轴转动时,分配头固定不动。分配头的外接管子分别与真空泵和鼓风机相连,通过分配头的换气作用,使过滤板每转动一圈,经历过滤、干燥和吹落三个过程。

由于过滤圆盘的转速很低(0.15~0.67 r/min),传动的速比很大,所以采用齿轮减速器和蜗杆涡轮进行减速。电动机通过无级变速器 7 和齿轮减速器 8,最后同蜗杆蜗轮 11 带动主轴回转。因为采用了无级变速器,过滤圆盘的转速可以在一定范围内任意进行调节。

为了使滤饼易于脱落,过滤机装有瞬时吹风系统,用来吹落滤饼的压缩空气,经由风阀 9 进入过滤机,风阀的作用是使压缩空气进入时,形成一股突然发生的脉冲流,以提高滤饼吹落的效果。

二、加压过滤机的构造

加压过滤机目前主要有三种型式:行星式、圆筒式、圆盘式。其中前两种加压过滤机均未成功地进行工业应用,这里着重介绍圆盘式加压过滤机。

　　圆盘式加压过滤机由加压仓、盘式过滤机、刮板运输机、密封排料阀、自动控制装置等五部分组成,如图 7-16 所示。

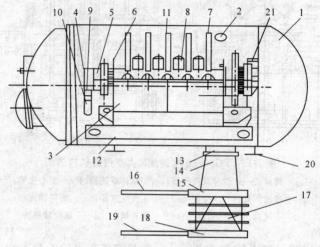

图 7-16　圆盘式加压过滤机工作原理图

1——加压舱;2——视镜;3——过滤机;4——反吹;5——轴承座;6——主轴;
7——滤盘;8——搅拌器;9——分配头;10——滤液管;11——卸料刮刀;
12——刮板机;13——法兰;14——密封排料阀上仓;15——密封排料阀上闸板;
16——密封排料阀上油缸;17——密封排料阀下仓;18——密封排料阀下闸板;
19——密封排料阀下油缸;20——加压仓;21——主轴电机

　　盘式过滤机置于加压仓内。加压状态下的盘式过滤机与普通的盘式真空过滤机有很大的区别。首先,为了适应压差的增高,滤盘需要有较高的耐压强度;其次,为了减少压缩空气的消耗,将滤扇个数由普通的 10～20 片增至 20 片,并将浸入深度由 35％左右增至 50％,即过滤槽内液面与主轴的中心线在同一水平。为此在该过滤机上设计一套主轴密封装置;为适应过滤强度的增加将滤液管断面加大一倍,并放在主轴的外圈,方便更换;为了解决滤槽中粒度分层现象,特别研制轴流式强力搅拌器,加强了滤槽中矿浆上下层的对流,改善了过滤效果。

滤盘材料用不锈钢或玻璃钢制造,滤布采用特制的不锈钢丝编织布。工作时滤盘在槽中煤浆内旋转,煤浆在压缩空气作用下在滤盘上形成滤饼。滤饼在滤盘上部脱水并被带至卸料位置。该位置上有一特殊的导向装置,其上安有卸料刮刀,刮刀与滤盘间保持在 2~4 mm 之间,此种卸料方式使滤饼脱落率在 95% 以上,同时设有反吹装置,当滤饼厚度小于 5 mm 时,需要反吹卸料。

主传动采用变频调速器,可在 0~2 r/min 之间无级调速,并可与煤浆槽内的液面实行闭环控制,润滑系统采用甘油泵集中润滑。

1. 加压仓

加压仓是一个Ⅰ类压力容器,整个加压过滤过程在此仓中进行。仓的一端为一固定封头,以便装入过滤机和刮板机。一般检修都在仓内进行,仓内设有照明、检修平台和起重梁;为了人员和零部件进出,设有 ϕ1 200 mm 及 ϕ900 mm 入孔各一个。仓壁一侧装有观察仓内运行情况的视镜;仓顶装有安全阀。

2. 密封排料阀

密封排料装置是加压过滤机的关键部位,它要求在密封状态下可靠地进行排料动作,使已脱水的滤饼顺利排出,同时消耗的压缩空气量最少。目前应用的主要是双仓双闸板交替工作的密封排料装置,其上两个闸板采用液压驱动,闸板的密封采用充气橡胶密封圈。加压过滤时,过滤机连续工作,密封排料的上下仓以间隙方式排料,最短排料周期为 50 s。密封排料阀结构示意图如图 7-17 所示。

3. 自动控制装置

加压过滤机主体安装在压力容器内,工作条件恶劣,机构动作频繁,排料周期短,衔接紧凑,闭锁严密。

为保证加压过滤机在经济、合理、安全、高效状态下持续运行,安装了一套技术先进、功能完善、工作可靠、操作灵活方便的参数监测装置。该装置配备了压力、液位、料位、位移、流量等多种传感器与变送器,其中压力、液位、流量有 9 个模拟量;料位、位移、液位

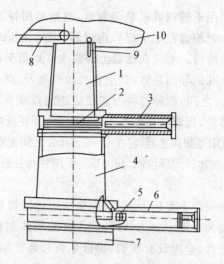

图 7-17　密封排料阀结构示意图

1——上仓体；2——上闸板；3——上闸板液压驱动缸；4——下仓体；5——下闸板；
6——下闸板液压驱动缸；7——法兰；8——刮板运输机；9——料位计；10——加压仓

有 11 个开关量。该装置具备程序控制、参数监测调整、操作提示及故障报警等多种功能。

加压过滤机的控制方式有就地、集中与自动三种，前两种用于检修与调整，后一种用于生产运行。

加压过滤机的调节系统有加压仓压力自动调节回路与储浆槽液位自动调节回路。执行器有阀门类、泵类和电机变频及电机等。

除了主机以外，尚有液压系统、高压风机、低压风机、给料泵、各种风动、电动闸门及给料机和运输机等辅助设备，参见图 7-18。

过滤机工作在物料特性既定的情况下，要想改善过滤效果，提高过滤压差是最为切实有效的方法，压差对不同物料滤饼水分的影响如图 7-19 所示。但要把真空状态下使用的盘式过滤机改为正压状态下过滤，并应用到工业生产中却难度很大，这需要解决两个技术问题：其一是由于过滤压差增大，过滤速度加快，过滤机的

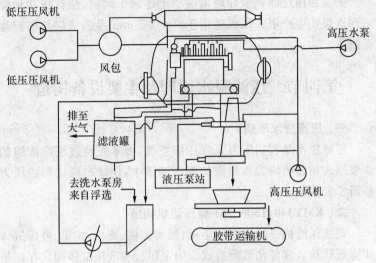

图 7-18　圆盘式加压过滤机工艺系统示意图

结构和性能要适应这一变化;其二是在压力密封条件下,要将滤饼顺利排出且阻止压气逸出,这是加压过滤技术的关键。

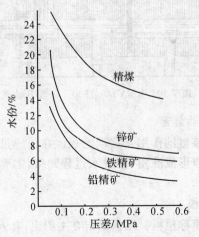

图 7-19　压差对不同物料滤饼水分的影响

圆盘加压过滤机较好地解决了上述两个问题,使其成功地应用到选煤厂生产中。该机适用于 0～0.5 mm 浮选精煤及细粒煤泥脱水。

第四节　压滤脱水原理及主要设备构造

一、压滤脱水原理

压滤脱水是利用压力泵或压缩空气,将事先经过沉淀浓缩的矿浆压入相邻两块滤板组成的密闭滤室中,使滤布两边形成压力差而实现固液分离。

二、XMY340/1500—61 型压滤机构造

箱式压滤机一般由固定尾板、活动头板、滤板、主梁、液压缸体和滤板移动装置等几部分组成。固定尾板和液压缸体固定在两根平行主梁的两端,活动头板与液压缸体中的活塞杆连接在一起,并可在主梁上滑行。其结构如图 7-20 所示。

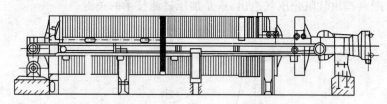

图 7-20　XMY340/1500—61 型压滤机

1. 滤板移动装置

滤板移动装置的作用是移动滤板。在压滤过程开始前,需将所有滤板压紧以形成滤室;在脱水过程结束,需要卸饼时,相继逐个拉开滤板。

2. 固定尾板

固定尾板简称尾板。尾板固定在主梁上,有入料孔,需过滤的矿浆由此给入。

3. 滤板

滤板是厢式压滤机的主要部件,其作用是在压滤过程中形成滤饼,并排出滤液。滤板的两侧包裹滤布,中间有一孔眼,供矿浆通过使用,滤板上面有凹槽,滤液可由此排到滤板上的卸液口,卸液口与卸液管相同,卸液管从滤板的侧下部伸出。滤板的材质可为金属、橡胶或塑料等。滤板通过其两侧的侧耳架在主梁上,放置于固定尾板和活动头板之间。

4. 活动头板

活动头板简称头板。头板与液压油缸内的活塞杆连接,并通过两侧滚轮支撑在主梁上,因此头板可以在主梁上滑动。头板与尾板配合,将滤板压紧,形成密封的滤室,由于头板的运动,将滤板松开以排卸滤饼。

5. 主梁

与头板、尾板、滤板等相连,起支撑、定位及固定等作用。

6. 液压系统

液压系统用于控制滤板的压紧和松开,由电机、油泵、油缸、活塞、油箱等组成。油缸常采用高低压并联系统。高压油泵用于提高油压,低压油泵用于提高活动头板的移动速度。

三、压滤循环

厢式压滤机属于间歇型压滤机,一个完整的压滤过程可分为四个阶段:

(1)给料阶段。压紧滤板,以一定压力给入矿浆。

(2)加压过滤阶段,也称脱水阶段。给入矿浆后应保持一段时间,由滤液排出速度判断过滤过程是否完成。

(3)卸料阶段。完成脱水任务后,减压并卸料。

(4)滤布清洗阶段。为下一压滤过程做准备,提高滤布的透气性,提高压滤效果。由给入矿浆、加压过滤、卸落滤饼和冲洗滤布四个阶段组成一个压滤循环。

一个压滤循环所需的时间为：

$$T = t_1 + t_2 + t_3 + t_4 + t_5$$

式中　T——每个压滤循环所需的时间，min；

　　　t_1——头板顶紧滤板所需的时间，min；

　　　t_2——压滤煤浆所需的时间，min；

　　　t_3——退回头板松开滤板所需的时间，min；

　　　t_4——逐块拉开滤板卸饼所需的时间，min；

　　　t_5——滤布冲洗所需的时间，min。

为了提高压滤机的生产能力，应增加压滤循环中压滤的有效时间，减少辅助时间的比例，如卸饼时间、滤布冲洗时间。通常，压滤时间在一个循环中约占 70%～75%。

第五节　滤布的选择方法及适用范围

滤布是过滤机非常重要的组成部分，是过滤领域应用最为广泛、品种最多的一类过滤介质。它安装在过滤器的固定构件上，所提供的合适通道，具有截留固体颗粒而让液体通过的功能。实际上，过滤机能否理想地工作，很大程度上取决于滤布的性能及在未堵塞、未破损的情况下实现固液分离的能力。通常，滤布需满足下列要求：

(1) 产生清洁的滤液，能有效地阻挡微粒物质；

(2) 不会或很少发生突然的或累积式的阻塞；

(3) 良好的卸饼性能；

(4) 适当的耐清洗能力；

(5) 具有一定的机械强度和耐化学腐蚀能力；

(6) 耐微生物作用；

(7) 有较高的过滤速度。

显然，选择过滤滤布时，有时可偏重某些作用而放宽对另一些项目的要求。

一、滤布的分类

滤布的过滤性能不仅与构成滤布纤维的材质有关,而且与滤布的纱线构成方式及滤布的织法也有关。滤布分类可明确描述滤布的性能。滤布的分类方法通常有三种:按滤布材质分类,按滤布纱线构成分类,按滤布的织法分类。

滤布按纤维材质可分成两大类:一类为天然纤维,如棉、毛、丝、麻纤维;另一类为化学合成纤维,如涤纶、尼龙、聚丙烯腈类、变性丙烯腈类、芳族聚酚胺、维纶、腈纶、聚酯纤维等。滤布的物理性能及化学稳定性与构成滤布的纤维材质有很大的关系。总的来说,天然纤维的安全使用温度低于合成纤维的。在化学稳定性方面,天然纤维的耐酸碱性能都比较差,而合成纤维的化学稳定性较好。一般来说,在合成纤维中,涤纶的耐酸性好,耐碱性差;尼龙的耐碱性好,耐酸性差;化学稳定性好的合成纤维是聚丙烯纤维,它不但耐酸性好而且耐碱性也好,抗有机酸的腐蚀性也比尼龙和涤纶好。

纺织滤布由三种不同的纱线织成,按构成滤布的纱线进行分类可分为单丝纱、复丝纱、短纤维纱。单丝纱是由合成纤维制成的单根的连续长丝。由单丝纱织成的滤布特点是不易被堵塞,卸饼性能及再生性能好。复丝纱是由两根或两根以上的连续单丝纱捻制而成,由这种纱织成的滤布特点是抗拉强度高,卸饼性能和再生性能较好。短纤维纱是将天然的或合成的短纤维捻成一股连续的纤维线。由这种线织成的滤布特点是颗粒截留性能好,同时可提供极佳的密封性能。用单丝纱织成的滤布称为"单丝织物";用复丝纱或短纤维纱织成的滤布统称为"复丝织物"。

不同类型纱线织成滤布的过滤性能按优先顺序排序如下:

滤液透明度:单丝滤布＜复丝滤布＜短纤维纱滤布;

过滤速率:单丝滤布＞复丝滤布＞短纤维纱滤布;

滤饼含湿率:单丝滤布＜复丝滤布＜短纤维纱滤布;

卸饼性能:单丝滤布>复丝滤布>短纤维纱滤布;

使用寿命:单丝滤布<复丝滤布<短纤维纱滤布;

再生性能:单丝滤布>复丝滤布>短纤维纱滤布。

按滤布的织法进行分类可分为织造类和非织造类。织造类滤布有平纹、斜纹、缎纹,非织造类滤布有无纺和毛毡类。平纹组织滤布的织造方法是使每根纬线交替浮于每根经线之上,然后沉于另一根经线之下,如图 7-21(a)所示。织成的滤布在无几何变形的情况下,网孔呈正方形或长方形,孔的大小由线的直径或单位长度线内丝的根数所限定。

斜纹组织滤布的织造方法是每根纬线交替浮于两根经线之上,然后沉于两根经线之下,如图 7-21(b)所示。斜纹图案的滤布的几何变形性大,当滤布的经线和纬线用长复丝时,网孔不规则。

缎纹组织滤布的织造方法是一根纬线(或经线)浮于若干根经线(或纬线)之上,接着沉于一根经线(或纬线)之下,以此方式交替进行,如图 7-21(c)所示,图中示出三浮一沉的缎纹图案。

非织造类滤布是将羊毛或合成短纤维做无规则地密集排列,可以添加或不添加权脂黏结剂(热黏结或化学黏结),经过压实形成一个纤维层黏结在一起,外表像布的疏松集合物(如无纺布和毛毡类),如图 7-21(d)所示。

控制纤维层的厚度,也就控制了滤布的孔隙和密度。这类滤布都具有不规则的孔隙结构,孔隙较大。

如颗粒表面不进行热处理,过滤机理接近于深层过滤;若经过适当的热处理,使其表面形成一层致密度较高且孔径很小的薄层,这时大于滤布表面小孔的颗粒将被截留,即使颗粒粒径比小孔直径小,只要固—液悬浮物中固相浓度高,就会发生架桥而在滤布表面形成滤饼,与滤饼过滤机理相同。

这些滤布往往要经过精整后才出售。最通用的精整方法有热处理和压光两种。对合成纤维进行热处理是为了增强滤布的稳定

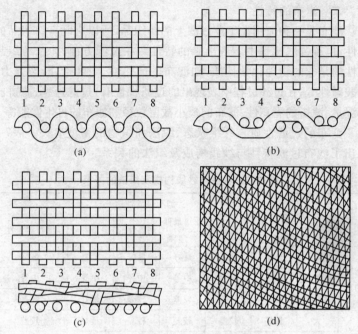

图 7-21　滤布织造方法示意图

(a) 平纹；(b) 斜纹；(c) 缎纹；(d) 非织造类

性,使其在高温下更适用。压光是用高压热辊,将被热处理的滤布在两热辊之间移过,这样使滤布表面平整而有光泽,在使用中可改善滤布的卸饼性能。

不同织造方法制成滤布的过滤性能按优先顺序排序如下:

过滤速率:平纹滤布<斜纹滤布<缎纹滤布<非织造类滤布;

滤饼含湿率:平纹滤布>斜纹滤布>缎纹滤布>非织造类滤布;

滤液透明度:平纹滤布>斜纹滤布>缎纹滤布>非织造类滤布;

卸饼性能:非织造类滤布<平纹滤布< 斜纹滤布<缎纹滤布;

再生性能:缎纹滤布>斜纹滤布>平纹滤布>非织造类滤布;

使用寿命:非织造类滤布< 缎纹滤布<平纹滤布<斜纹滤布。

二、滤布的特性

滤布是一种应用在工业过滤上的纺织品,所以它既有纺织品的共性,也有过滤过程中表现出来的特性。在过滤方面,涉及纺织品共性的是它的物理化学性质,如滤布的耐热性、耐磨性、断裂强力、耐酸碱性等;在过滤过程中表现出的过滤特性有:过滤速率、滤饼的含湿量、滤饼的剥离性、滤布的最小截留粒径和滤布的再生性能等。

滤布的过滤性质与纤维状态、织法和织物的密度有关。表7-1列出了滤布过滤特性与纱线构成及织法的关系。

表 7-1 　　　　　滤布过滤特性与纱线构成及织法的关系

纱线构成与织法		滤布过滤性质					
		截留粒子能力	过滤速率	滤饼最低含湿率	剥离性能	滤布寿命	滤布再生性
纱线构成	单丝	较差	最好	最好	最好	较差	最好
	长复丝	中等	中等	中等	中等	中等	中等
	短丝	最好	较差	较差	较差	最好	较差
丝直径	大	最好	较差	较差	较差	最好	较差
	中	中等	中等	中等	中等	中等	中等
	小	较差	最好	最好	最好	较差	最好
拗度	高	较差	最好	最好	最好	较差	最好
	中	中等	中等	中等	中等	最好	中等
	低	最好	较差	较差	较差	中等	较差
织物密度	高	最好	较差	最好	最好	中等	较差
	中	中等	中等	中等	中等	最好	中等
	低	较差	最好	较差	较差	较差	最好
织法	平纹	最好	较差	较差	较差	中等	较差
	斜纹	中等	中等	中等	中等	最好	中等
	缎纹	较差	最好	最好	最好	较差	最好

第六节 化学助滤剂

助滤剂是指能提高过滤效率或强化过滤过程的物质。为了提高过滤效果,提高过滤机的处理能力和降低滤布水分,可采用助滤剂。它可分为两大类型,即介质助滤剂和化学助滤剂。介质助滤剂是一些分散的颗粒物质,如硅藻土、膨胀珍珠岩等。在过滤过程中,它们实际上起着过滤介质的作用,主要用在固体颗粒极小且对滤液有较高要求的场合,比如水处理、化工及食品等工业的过滤作业。由于介质助滤剂在选煤厂中未得到应用,在此不再赘述。化学助滤剂又分为两种类型:一是表面活性剂型助滤剂;二是高分子絮凝剂型助滤剂。

化学助滤剂主要用于旨在降低滤饼水分和提高过滤机生产能力的场合。化学助滤剂分为高分子絮凝剂型助滤剂和表面活性剂型助滤剂两大类,其助滤行为、作用机理及应用选择均有所不同。

一、高分子絮凝剂型助滤剂

常见的高分子絮凝剂型助滤剂并不大多,主要是人工合成的各种分子量的、不同极性的聚丙烯酰胺及各种天然高分子的改性产品,用得最多的还是非离子型的和阴离子型的、分子量在 $5 \times 10^5 \sim 10 \times 10^6$ 之间的聚丙烯酰胺。絮凝剂一般都是水溶性聚合长链高分子,具有强烈的亲水性。其在固液分离中更多应用在浓缩作业,主要作用是加速沉降、澄清溢流、防止细粒有效成分损失。这时絮凝剂对于过滤过程的影响难以避免。絮凝剂作为助滤剂,使用得当既可提高设备处理能力,又可降低滤饼水分。

二、表面活性剂型助滤剂

典型的表面活性剂都是由亲水的极性基团和疏水的非极性烃链两部分组成的有机化合物,按极性基团可将其分为阴离子、阳离子和非离子三大类。

复习思考题

1. 请简述筛分脱水的工作原理。
2. 请简述离心脱水的工作原理。
3. 请简述过滤脱水的工作原理。
4. 请简述压滤脱水的工作原理。

第八章　电钳工基本知识

本章主要介绍电钳工的基本知识、触电的急救措施和急救知识等。

第一节　钳工基本知识

脱水工在生产过程中要进行机械设备日常巡检和维护工作，除了应具备必要的专业知识外，还应掌握一定的钳工知识和操作技能。

一、机械传动的基本知识

1. 机器与机构

机器是人类为了提高劳动生产率而创造出来的主要工具，使用机器生产的水平是衡量一个国家的技术水平和现代化程度的重要标志之一。大量的新机器也从传统的纯机械系统，演变成机电一体化的机械设备。机器的设计、制造进入了智能化的新阶段。机器的设计制造周期越来越短，对机器的性能、质量的要求也越来越高，个性化要求也越来越多，机械产品向着高速、精密、重载、智能等方面发展。

机器的种类繁多，性能、用途各异，但是它们有着共同的特征——由不同的机构组成。从它的特征出发，剖析其机构，研究其组成原理，可以达到掌握、运用的目的。

（1）机器

在人们的生产和生活中广泛地使用着各种类型的机器。常见

的如内燃机(见图 8-1)、机床、离心脱水机、真空过滤机、洗衣机
等等。

共同的特征：

① 都是人为的实物组合；

② 组成机器的各实物之间具有确定的相对运动；

③ 能实现能量转换或完成有用的机械功。

凡具备上述三个特征的实物组合就称为机器。

由此可知机构只有机器的前两个特征，若仅从结构和运动观
点来看机器与机构二者之间并无区别。因此，习惯上常用机械一
词作为机器和机构的总称。

（2）机构

机器是由机构组成的。最简单的机器只包含一个机构，如电
动机等。多数机器包含若干个机构，如图 8-1 所示的内燃机就包
含曲柄滑动机构、凸轮机构和齿轮机构等多个机构。

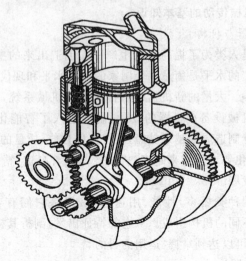

图 8-1　内燃机示意图

　　组成机构的各个相对运动部分称为构件。构件作为运动单元,它可以是单一的整体,也可以是由几个最基本的实物组成的刚性结构。图 8-2 就是一个凸轮机构,由多个构件组成。

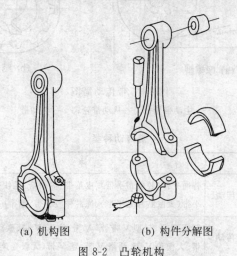

(a) 机构图　　　　　　(b) 构件分解图

图 8-2　凸轮机构

　　机构有多种型式,其中常用机构有:连杆机构、凸轮机构、齿轮机构和间歇机构等。

　　2. 带传动

　　带传动一般由主动带轮 1、从动带轮 2 及传动带 3 组成(见图 8-3)。带传动是利用张紧在带轮上的柔性带,借助它们间的摩擦或啮合,在两轴(或多轴)间传递运动或动力的一种机械传动,在各种机械传动中被广泛应用。

　　根据工作原理的不同,带传动分为摩擦带传动和啮合带传动两大类,见图 8-3 和表 8-1,其中最常见的是摩擦带传动。

　　在摩擦带传动中,传动带紧套在主从动轮上,靠带与带轮之间产生的摩擦力传递运动和动力。按带的剖面形状,摩擦带传动可分为平带、V 带、多楔带等,见图 8-4。

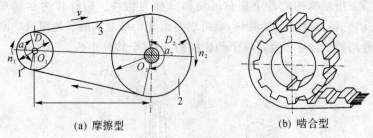

(a) 摩擦型　　　　　　　　　　　　(b) 啮合型

图 8-3　带传动简图

1——主动带轮；2——从动带轮；3——传动带

表 8-1　　　　　　　　　　　　带传动种类

类型		种　类
摩擦型	平带传动	普通平带(胶帆布平带)、皮革带、棉织带、毛织带、锦纶片复合平带(聚酰胺片基平带)、绳芯橡胶平带、钢带……
	V 带传动	普通 V 带、轻型 V 带、窄 V 带、汽车 V 带、联组 V 带、齿形 V 带、大楔角 V 带、活络 V 带、宽 V 带(无级变速带)……
	特殊带传动	多楔带、双面 V 带(六角带)、圆带……
啮合型	同步带传动	梯形齿同步带、弧齿同步带(HTD 带、STPD 带)

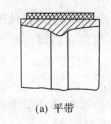

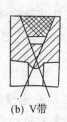

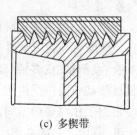

(a) 平带　　　　　　　(b) V带　　　　　　　(c) 多楔带

图 8-4　带的截面形状

　　我们根据生产中的实际,重点学习一下常见的平带传动和 V
带传动。

（1）平带传动的形式及使用特点

平带的横截面为扁矩形，工作时，带的环形内表面与轮缘接触，结构简单，带轮易制造，成本较低，且平带较薄，挠曲性好，适于高速传动；又因平带的柔性较好，故又适于平行轴的交叉传动和相错轴的半交叉传动。其传动形式有三种即开口传动、交叉传动和半交叉传动。平带传动形式如图 8-5 所示。

| (a) 开口传动 | (b) 交叉传动 | (c) 半交叉传动 |

图 8-5 平带传动的形式

（2）V 带传动的特点及型号

主要优点：① 因带是弹性体，可以缓冲和吸振，传动平稳，噪声小；② 当传动过载时，带在带轮上打滑，可防止其他零件损坏；③ 可用于中心距较大的传动；④ 结构简单、装拆方便、成本低。主要缺点是：① 传动比不准确；② 外廓尺寸大；③ 传动效率低；④ 带的寿命短；⑤ 不宜用于高温易燃场合。

带传动适用于传递功率不大或不需要保证精确传动比的场合。在多级减速装置中，带传动通常配置在高速级。普通 V 带传递的功率一般不超过 $50\sim100$ kW，带的工作速度为 $5\sim35$ m/s。

在一般机械中，应用最广的是 V 带传动。

V 带的横截面为等腰梯形，带轮上也制作相应的轮槽。传动时，V 带只与轮槽的两个侧面接触，即 V 带的两侧面为工作面（见图 8-6），带的底面不与带轮接触。根据槽面摩擦原理，在同样的张紧力下，V 带传动较平带传动能产生更大的摩擦力，所以 V 带传动能力强，结构更紧凑，因而 V 带传动的应用比平带广泛得多。

V 带有普通 V 带、窄 V 带、联组 V 带、齿形 V 带、大楔角 V

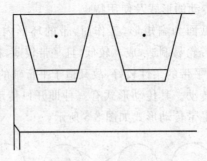

图 8-6　V 带传动

带、宽 V 带等多种类型,其中普通 V 带应用最广,窄 V 带的使用近年来也日益广泛,特别是在中型和重型设备上,有取代普通 V 带的趋势。我国普通 V 带和窄 V 带都已标准化(GB/T 11544—97)。按截面尺寸由小到大,普通 V 带可分为 Y、Z、A、B、C、D、E 七种型号;窄 V 带可分为 SPZ、SPA、SPB、SPC 四个型号。在同样条件下,截面尺寸大,传递的功率就大。

3. 螺旋传动

螺旋运动是构件的一种空间运动,它由具有一定制约关系的转动及沿转动轴线方向的移动两部分组成。组成运动副的两构件只能沿轴线做相对螺旋运动的运动副称为螺旋副。螺旋副是面接触的低副。

螺旋传动是利用螺旋副来传递运动和(或)动力的一种机械传动,可以方便地把主动件的回转运动转变为从动件的直线运动。

与其他将回转运动转变为直线运动的传动装置(如曲柄滑块机构)相比,螺旋传动具有结构简单、工作连续、平稳,承载能力大,传动精度高等优点,因此广泛应用于各种机械和仪器中。它的缺点是摩擦损失大,传动效率较低;但滚动螺旋传动的应用,已使螺旋传动摩擦大、易磨损和效率低的缺点得到了很大程度的改善。

常用的螺旋传动有普通螺旋传动、差动螺旋传动和滚珠螺旋传动等。

4. 齿轮传动

齿轮传动是利用两齿轮的轮齿相互啮合传递动力和运动的机械传动。按齿轮轴线的相对位置分平行轴圆柱齿轮传动、相交轴圆锥齿轮传动和交错轴螺旋齿轮传动。

在所有的机械传动中,齿轮传动应用最为广泛,可用于传递相对位置不远的两轴之间的运动和动力。

齿轮传动的特点是:齿轮传动平稳、传动比精确、工作可靠、效率高、寿命长,使用的功率、速度和尺寸范围大。例如传递功率可以从很小至几十万千瓦,速度最高可达 300 m/s,齿轮直径可以从几毫米至二十多米。但是制造齿轮需要有专门的设备,啮合传动会产生噪声。

根据两轴的相对位置和轮齿的方向,可分为以下类型:

(1) 直齿圆柱齿轮传动;

(2) 斜齿圆柱齿轮传动;

(3) 人字齿轮传动;

(4) 锥齿轮传动;

(5) 交错轴斜齿轮传动。

根据齿轮的工作条件,可分为:

(1) 开式齿轮传动,齿轮暴露在外,不能保证良好的润滑。

(2) 半开式齿轮传动,齿轮浸入油池,有护罩,但不封闭。

(3) 闭式齿轮传动,齿轮、轴和轴承等都装在封闭箱体内,润滑条件良好,灰沙不易进入,安装精确,是应用最广泛的齿轮传动。

齿轮传动按齿轮的外形可分为圆柱齿轮传动、锥齿轮传动、非圆齿轮传动、齿条传动和蜗杆传动(见图 8-7)。

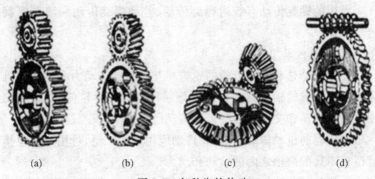

图 8-7　各种齿轮传动

(a) 直齿圆柱齿轮；(b) 斜齿圆柱齿轮；(c) 直齿圆锥齿轮；(d) 蜗杆与蜗轮

5. 链传动

链传动是由主动链轮 1、从动链轮 2 和环绕在链轮上的链条 3 组成（见图 8-8）。链为中间挠性件，工作时通过链条的链节与链轮轮齿的啮合来传递运动和动力。

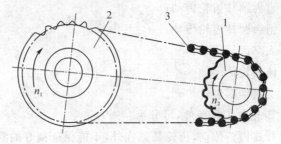

图 8-8　链传动示意图

1——主动链轮；2——从动链轮；3——链条

链传动与其他传动相比，主要有以下特点：

（1）与带传动相比：没有滑动现象；能保持准确的平均传动比；链条不需太大的张紧力，对轴压力较小；传递的功率较大，效率较高，低速时能传递较大的圆周力。

（2）与齿轮传动相比：链传动的结构简单，安装方便，成本低廉，传动中心距适用范围较大（中心距最大可达十多米），能在高温、多尘、油污等恶劣的条件下工作。

（3）由于链条进入链轮后形成多边形折线（见图 8-8），从而使链条速度忽大忽小地周期性变化，并伴有链条的上下抖动。因此链传动的瞬时传动比不恒定，传动平稳性较差，工作时振动、冲击、噪声较大，不宜用于载荷变化很大、高速和急速反转的场合。

根据用途的不同，链传动分为传动链、起重链和牵引链。传动链主要用来传递动力，起重链主要用在起重机中提升重物，牵引链主要用在运输机械中移动重物。

根据结构的不同，常用的传动链又可分为滚子链和齿形链。滚子链结构简单、磨损较轻，故应用较广。齿形链虽传动平稳、噪声小，但结构复杂、质量较大且价格较高，主要用于高速（$v \geqslant$ 30 m/s）传动和运动精度要求较高的传动中。下面重点介绍滚子链的结构。滚子链的结构由内链板 1、外链板 2、销轴 3、套筒 4 和滚子 5 组成（见图 8-9）。内链板与套筒之间、外链板与销轴之间为过盈配合。这样，外链板与销轴构成一个个外链节。内链板与套筒则构成一个个内链节；滚子与套筒、套筒与销轴之间为间隙配合。当内外链节间相对屈伸时，套筒可绕销轴自由转动。而当链条与链轮啮合时，活套在套筒上的滚子沿链轮齿廓滚动，可以减轻链和链轮轮齿的磨损。链板制成"8"字形，是为了使链板各横截面趋于等强度，同时也减轻了链的质量和运动时的惯性力。

一般链传动的应用范围为：传递功率 $P \leqslant 100$ kW；传动比 $i \leqslant$ 8；链速 $v \leqslant 20$ m/s；中心距 $a \leqslant 6$ m；效率 $\eta = 0.92 \sim 0.97$。目前链传动的最大传递功率已达 5 000 kW，最大传动比达到 15，最高链速可达 40 m/s，最大中心距达 8 m。

链传动主要用在中心距较大，要求平均传动比准确以及工作环境恶劣的场合，目前在农业、矿山、建筑、石油、化工和起重运输等机械中得到广泛的应用。

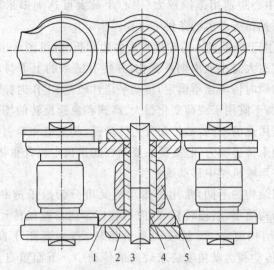

图 8-9　滚子链结构示意图

1——内链板;2——外链板;3——销轴;4——套筒;5——滚子

二、液压传动基本知识

1. 概述

液压传动是以液体作为传动介质来实现能量传递和控制的一种传动形式。

液压传动过程(工作原理)利用液压泵将原动机的机械能转换为液体的压力能,通过液体压力能的变化来传递能量,经过各种控制阀和管路的传递与控制,借助于液压执行元件(缸或马达)把液体压力能转换为机械能,从而驱动工作机构,实现直线往复运动和回转运动。掌握液压传动的结构、原理、特点、组成、符号及控制方式,是进行液压传动系统使用、安装、调试、维修的基础。

2. 液压传动的基本原理

液压传动的基本原理:液压系统利用液压泵将原动机的机械

能转换为液体的压力能,通过液体压力能的变化来传递能量,经过各种控制阀和管路的传递,借助于液压执行元件(液压缸或马达)把液体压力能转换为机械能,从而驱动工作机构,实现直线往复运动和回转运动。其中的液体称为工作介质,一般为矿物油,它的作用和机械传动中的皮带、链条和齿轮等传动元件相类似。

在液压传动中,液压油缸就是一个最简单而又比较完整的液压传动系统,分析它的工作过程,可以清楚地了解液压传动的基本原理。图 8-10 就是液压千斤顶的工作原理图。

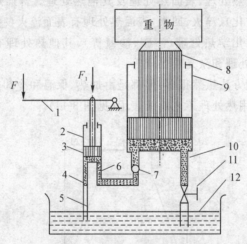

图 8-10　液压千斤顶的工作原理

1——杠杆;2——泵体;3——小活塞;4、7——单向阀;5——吸油管;
6、10——管道;8——大活塞;9——缸体;11——放油阀;12——油箱

液压传动有许多突出的优点,因此它的应用非常广泛,如一般工业用的塑料加工机械、压力机械、机床等,行走机械中的工程机械、建筑机械、农业机械、汽车等,钢铁工业用的冶金机械、提升装置、轧辊调整装置等,土木水利工程用的防洪闸门及堤坝装置、河床升降装置、桥梁操纵机构等,发电厂涡轮机调速装置、核发电厂

等,船舶用的甲板起重机械(绞车)、船头门、舱壁阀、船尾推进器等,特殊技术用的巨型天线控制装置、测量浮标、升降旋转舞台等,军事工业用的火炮操纵装置、船舶减摇装置、飞行器仿真、飞机起落架的收放装置和方向舵控制装置等。

三、钢的热处理

金属材料及其制品在固体范围内进行加热、保温和冷却,以改变其内部组织,获得所需性能的工艺称为热处理。

热处理的种类很多。根据其目的、加热和冷却方法的不同,可以分为普通热处理、表面热处理及其他热处理。普通热处理有退火、正火(常化)、淬火、回火,表面热处理有表面淬火(感应加热、火焰加热等)、化学热处理(渗碳、渗氮等),其他热处理有真空热处理、变形热处理和激光热处理等。

热处理方法虽然很多,但都是由加热、保温和冷却三个阶段组成的,通常用热处理工艺曲线表示(见图 8-11)。

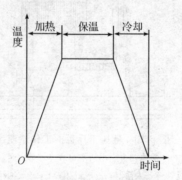

图 8-11　热处理工艺曲线示意图

本章重点学习普通热处理。根据加热及冷却的方法不同,获得金属材料的组织及性能也不同。普通热处理可分为退火、正火、淬火和回火四种。普通热处理是钢制零件制造过程中非常重要的工序。

1. 退火

退火是将工件加热到适当温度,保温一定时间,然后缓慢冷却的热处理工艺,实际生产中常采取随炉冷却的方式。

退火的主要目的是:① 降低硬度,改善钢的成形和切削加工性能;② 均匀钢的化学成分和组织;③ 消除内应力。

根据处理的目的和要求的不同,钢的退火可分为完全退火、球化退火和去应力退火等。表 8-2 为主要退火工艺方法及其应用。

表 8-2　　　常用退火方法的工艺、目的与应用

名称	工艺	目的	应用
完全退火	将钢加热至 A_{c_3} 以上 30~50 ℃,保温一定时间,炉冷至室温(或炉冷至 600 ℃以下,出炉空冷)	细化晶粒,消除过热组织,降低硬度和改善切削加工性能	主要用于亚共析钢的铸、锻件,有时也用于焊接结构
球化退火	将钢加热至 A_{c_1} 以上 20~40 ℃,保温一定时间,炉冷至室温,或快速冷至略低于 A_{r_1} 温度,保温后出炉空冷,使钢中碳化物球状化的退火工艺	使钢中的渗碳体球状化,以降低钢的硬度,改善切削加工性,并为以后的热处理做好组织准备。若钢的原始组织中有严重的渗碳体网,则在球化退火前应进行正火消除,以保证球化退火效果	主要用于共析钢和过共析钢
均匀化退火(扩散退火)	将钢加热到略低于固相线温度(A_{c_3} 或 $A_{c_{cm}}$ 以上150~300 ℃),长时间保温(10~15 h),随炉冷却	使钢的化学成分和组织均匀化	主要用于质量要求高的合金铸锭、铸件或锻胚
去应力退火(低温退火)	将钢加热至 A_{c_1} 以下某一温度(一般约为 500~600 ℃),保温一段时间,然后炉冷至室温	为了消除残余应力	主要用于消除铸、锻、焊接件、冷冲压件以及机加工件中的残余应力
再结晶退火	将钢加热至再结晶温度以上 100~200 ℃,保温一定时间,然后随炉冷却	为了消除冷变形强化,改善塑性	主要用于经冷变形的钢

2. 正火

正火是将钢加热到 A_{c_3}（或 $A_{c_{cm}}$）以上 $30\sim50$ ℃，保温一定时间，出炉后在空气中冷却的热处理工艺。对于含有 V、Ti、Nb 等碳化物形成元素的合金钢，可采用更高的加热温度（$A_{c_3}+100\sim150$ ℃），为了消除过共析钢的网状碳化物，亦可酌情提高加热温度，让碳化物充分熔解。其主要目的是：

（1）对力学性能要求不高的结构、零件，可用正火作为最终热处理，以提高其强度、硬度和韧性。

（2）对低、中碳素钢，可用正火作为预备热处理，以调整硬度，改善切削加工性。

（3）对于过共析钢，正火可抑制渗碳体网的形成，为球化退火做好组织准备。

3. 淬火

淬火是将钢件加热到奥氏体化后，以适当方式冷却获得马氏体或（和）贝氏体组织的热处理工艺。淬火可以显著提高钢的强度和硬度，是赋予钢件最终性能的关键性工序。

在实际生产中，淬火加热温度的确定，还需要考虑工件形状尺寸、淬火冷却介质和技术要求等因素。

工件进行淬火冷却所用的介质称为冷却介质。为保证工件淬火后得到马氏体，又要减小变形和防止开裂，必须正确选用冷却介质。

目前，一些冷却特性接近于理想淬火介质的新型淬火介质，如水玻璃—碱水溶液、过饱和硝盐水溶液、氧化锌—碱水溶液、合成淬火剂等已被广泛使用。

常用的几种冷却介质的对比见表 8-3。

表 8-3　　　　　常用的几种冷却介质的对比

名称	水	油	食盐水溶液	碱水溶液
优点	价廉易得,且具有较强的冷却能力。使用安全,无燃烧、腐蚀等危险	在 300～200 ℃温度范围内,冷却速度远小于水,这对减少淬火工件的变形与开裂是很有利的	冷却能力提高到约为水的 10 倍,而且最大冷却速度所在温度正好处于 650～400 ℃温度范围内	在 650～400 ℃温度范围内冷却速度比食盐水溶液大;在 300～200 ℃温度范围内,冷却速度比食盐水溶液稍低
缺点	在 650～400 ℃范围内需要快冷时,水的冷却速度相对比较小;300～200 ℃范围内需要慢冷时,其冷却速度又相对较大	在 650～400 ℃温度范围内,冷却速度比水小得多	在 300～200 ℃温度范围内的冷却速度过大,使淬火工件中相变应力增大,而且食盐水溶液对工件有一定的锈蚀作用,淬火后工件必须清洗干净	腐蚀性大
应用	主要用于碳素钢	主要用于合金钢	主要用于形状简单而尺寸较大的低、中碳素钢零件	主要用于易产生淬火裂纹的零件

4. 回火

回火是将钢件淬硬后,再加热到 A_{c_1} 以下某一温度,保温后冷却到室温的热处理。回火一般在淬火后随即进行。淬火与回火常作为零件的最终热处理。其主要目的是:

(1) 减小和消除淬火时产生的应力和脆性,防止和减小工件变形和开裂;

(2) 获得稳定组织,保证工件在使用中形状和尺寸不发生改变;

(3) 获得工件所要求的使用性能。

按回火温度不同,回火分为以下三种:

(1) 低温回火(150～250 ℃)

回火后组织为回火马氏体。其目的是减小淬火应力和脆性，保持淬火后的高硬(58～64 HRC)和耐磨性。主要用于处理量具、刃具、模具、滚动轴承以及渗碳、表面淬火的零件。

(2) 中温回火(350～500 ℃)

回火后组织为回火托氏体。其目的是获得高的弹性极限、屈服点和较好的韧性。硬度一般为 35～50 HRC。主要用于处理各种弹簧、锻模等。

(3) 高温回火(500～650 ℃)

钢件淬火并高温回火的复合热处理工艺称为调质。调质后的组织为回火索氏体，硬度一般为 200～350 HBS。其目的是为获得强度、塑性、韧性都较好的综合力学性能。广泛用于各种重要结构件(如轴、齿轮、连杆、螺栓等)，也可作为某些精密零件的预先热处理。

四、钻孔与螺纹

1. 钻孔

钻孔是用钻头在材料或者工件上钻削孔眼的加工方法。钻孔使用的设备或工具有钻床、手电钻等，使用的刃具是钻头。

钳工常用的台式钻床是一种小型钻床，通常安装在工作台上，用来钻 13 mm 以下的孔。手电钻是手持式电动工具，它的种类、规格很多，常用的有手枪式和手提式两大类。手枪式电钻大多是交直流两用的，电源有 36 V 和 220 V 两种，按其装夹钻头直径分，有 6、10 和 13 mm 三种规格。手提式电钻的电压有单相 220 V 及三相 380 V 两种，常用的钻头有 13、19 和 23 mm 三种规格。

钻头的种类很多，有麻花钻、扁钻、扩孔钻和中心钻等，其中以麻花钻应用最为广泛。

为了获得正确的钻孔位置，通常先在已画好线的孔的中心做一个锥形定位坑，定位坑的直径应大于麻花钻横刃的长度。

当工件容易握持及钻孔直径又比较小时,可以直接用手握紧工件进行钻孔。对无法用手握的小工件,可以用老虎钳或者机用平口钳夹持。必要时,应使用螺栓将平口钳紧固在钻床的台面上。对钻孔直径较大或者不便于用机用平口钳夹持的工件,可用压板、螺栓和垫块紧固在钻床的台面上。

钻削时应注意以下几点:

(1) 当钻孔直径较大时,工件一定要装夹牢固。在通孔即将钻穿时,应减小进刀量。如果是在立钻或者摇臂钻床上采用自动进刀方法,通孔将要钻穿时,最好改为手动进刀,这样有利于控制切削力的大小。

(2) 不准戴手套进行操作,以防止钻头或者切屑钩住手套发生事故。消除切屑时要用铁钩或毛刷,不得用手抹除切屑,清扫工作要在停车后进行。

(3) 调节钻夹头的松紧必须使用专用钥匙,不准用手锤或者其他物件敲击。

(4) 钻头在切削过程中要产生大量的热量,若温度过高,会引起钻头的切削部分退火而损坏。为了降低切削温度和改善润滑状况,钻孔时要加适当的冷却润滑液(机油、煤油或者乳化液等)。

(5) 使用电钻钻孔时,要特别注意用电安全,使用前要检查外壳是否接地,接通电源后外壳应不带电。

2. 螺纹的基本知识

螺纹是指在圆柱表面或圆锥表面上,沿着螺旋线形成的、具有相同断面的连续凸起和沟槽,如图 8-12 所示。

(1) 牙型。在通过螺纹轴线的断面上,螺纹的轮廓形状称为螺纹牙型。

常见的牙型是三角螺纹及管螺纹(表 8-4 为常见螺纹形式)。

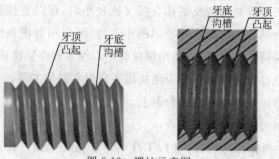

图 8-12　螺纹示意图

（注：牙顶为牙的顶端表面；牙底为沟槽底部表面）

表 8-4　　　　　　　　　常见螺纹形式

名称	普通螺纹	管螺纹	梯形螺纹	锯齿形螺纹
特征代号	M	G	Tr	B
图样	60°	55°	30°	3° 30°

（2）公称直径。代表螺纹尺寸的直径，指螺纹大径的基本尺寸（螺纹大径是指外螺纹的顶径或内螺纹的底径），一般用代号 $D(d)$ 表示。

（3）螺距和导程，如图 8-13 所示。

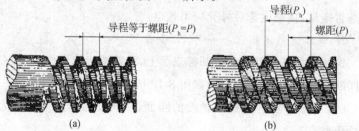

图 8-13　螺距和导程

（a）单线螺纹；（b）双线螺纹

螺距(代号：P)：相邻两牙中径线上对应两点间的轴向距离。

导程(代号：P_h)：螺旋线形成的螺纹上的相邻两牙，在中径线上对应两点间的轴向距离。

对于单线螺纹，螺距＝导程。

对于多线螺纹，螺距＝导程/线数。

(4) 精度。螺纹精度是代表螺纹使用质量的唯一指标。1981年国家标准局颁布了 GB 197—81《普通螺纹　公差与配合》，该标准采用了国际标准，并且与 GB 1800—79《公差与配合》标准中的规定的尺寸公差带相仿，螺纹公差带也是由基本偏差(确定公差带的位置)和标准公差(确定公差带的大小)两个要素组成。

(5) 旋向。螺纹有左旋和右旋之分，见图 8-14。

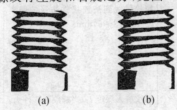

(a)　　　　　　(b)

图 8-14　螺纹的旋向
(a) 左旋；(b) 右旋

顺时针旋转时旋入的螺纹，称为右旋螺纹

逆时针旋转时旋入的螺纹，称为左旋螺纹。

我们常用的是右旋螺纹，规定不必标出旋向，左旋螺纹用"左"字标出。

五、装配与连接

装配是指用一定的方式将零部件连接在一起。常见的装配连接方式有螺纹连接和铆接两种。

1. 螺纹连接

螺纹连接是一种可拆卸的连接，它具有结构简单、连接可靠、拆卸方便等优点，因此应用十分广泛。常用螺纹连接的类型有螺栓连接、双头螺栓连接、螺钉连接等，见表 8-5。

表 8-5　　　　　　　　　常用螺纹连接的类型

类型	结构	主要尺寸关系	特点和应用
螺栓连接	受拉螺栓连接（普通螺栓连接） 受剪螺栓连接（铰制孔螺栓连接）	螺纹余留长度 l_1 受拉螺栓连接： 静载荷　$l_1 \geqslant (0.3 \sim 0.5)d$ 变载荷　$l_1 \geqslant 0.75d$ 冲击、弯曲载荷　$l_1 \geqslant d$ 受剪螺栓连接： l_1 尽可能小 螺纹伸出长度 $l_2 \approx (0.2 \sim 0.3)d$ 螺栓轴线到被连接件边缘的距离 $c = d + (3 \sim 6)\text{mm}$	无需在被连接件上切制螺纹，使用不受被连接件材料的限制，构造简单，装拆方便，应用最广。用于通孔并能从连接两边进行装配的场合
双头螺柱连接		螺纹旋入深度 l_3，当螺纹孔零件为： 钢或青铜　$l_3 \approx d$ 铸铁　$l_3 \approx (1.25 \sim 1.5)d$ 铝合金　$l_3 \approx (1.5 \sim 2.5)d$ 螺纹孔深度　$l_4 \approx l_3(2 \sim 2.5)P$ 钻孔深度　$l_5 \approx l_4(0.5 \sim 1)d$ l_1、 l_2、c 同上	座端旋入并紧定在被连接件之一的螺纹孔中，用于受结构限制而不能用螺栓或希望连接结构较紧凑的场合
螺钉连接		l_1、l_3、l_4、l_5、c	不用螺母，而且能有光整的外露表面，应用与双头螺柱连接相似，但不宜用于时常装拆的连接，以免损坏被连接件的螺纹孔
紧定螺钉连接		$d \approx (0.2 \sim 0.3)d_5$ 转矩大时取大值	旋入被连接件之一的螺纹孔中，其末端顶住另一被连接件的表面或顶入相应的坑中，以固定两个零件的相互位置，并可传递不大的力或转矩

螺纹连接的零件有螺栓、双头螺栓、螺钉、螺母、垫圈及防松零件等。螺栓和螺钉的头部形状和种类较多,有六角头、内六方头、方头、半圆头、沉头、十字槽头等。

合理选择螺纹连接需要了解螺纹连接类型的特点及应用场合。正确选用连接类型,熟悉常用连接件的有关国家标准,是脱水工在进行脱水设备日常维护中需要掌握的基本知识。

2. 铆接

铆接是利用铆钉把两个或数个工件连接在一起。

按照使用要求,铆接可分为固定铆接和活动铆接两种。电工钳、剪刀、圆规等心轴的铆接属于活动铆接;产品铭牌的钉铆、坦克的防护钢板、轮船的甲板等属于固定铆接。

铆钉按其材料的不同可分为钢、铜(或铜合金)及铝(或铝合金)三种,按其形状不同主要可分为半圆头、沉头、半头、平锥头、无头、空心、半空心等,

常用的手工铆接工具有手锤、压紧冲头、罩模、顶模和冲头等,如图 8-15 所示。

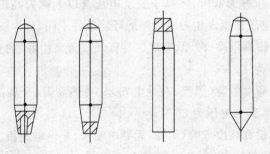

图 8-15　铆接工具

当铆钉插入铆孔后,将压紧冲头有孔一端套在铆钉圆杆上,用手锤敲击它的另一端,使板料压紧贴合。罩模和顶模的头部都是和铆钉头部相当的凹槽,顶模的作用是顶住铆钉的头部以承受铆接时的冲击力(沉头及空心铆钉的铆合不一定要顶模,可在铁砧上

进行),通常将顶模装夹在老虎钳上使用,所以其柄部制成扁平状以便夹持。罩模的作用是在铆接时对铆钉变形的尾部进行整形铆合,以获得美观的铆头;冲头的作用是对空心和半空心铆钉进行扩铆。

铆钉的直径一般可按照板料厚度的 1.8 倍进行选择。铆钉的长度应等于铆接件的总厚度加上铆合头变形前的留铆长度。沉头铆钉的留铆长度按铆钉直径的 0.8～1.2 倍选取,其他铆钉的留铆长度按直径的 1.25～1.5 倍选取。

第二节　电工基本知识

一、电气知识和安全用电

1. 高压、低压和安全电压

在安全用电方面,高压和低压的概念与电力工业或电气工程中的概念有一定区别,通常将最高安全电压以下对人体比较没有伤害的电压称为低压,将高于安全电压及以上称为高压。我国规定,安全电压根据发生触电危险的环境条件不同,分为三个等级:

(1) 特别危险(潮湿、有腐蚀性蒸气或游离物等)的建筑物中,安全电压为 12 V;

(2) 高度危险(潮湿、有导电粉末、炎热高温、金属品较多)的建筑物中,安全电压为 36 V;

(3) 没有高度危险(干燥、无导电粉末、非导电地板、金属品不多等)的建筑物,安全电压为 65 V。

2. 安全保护措施

(1) 保护接地

保护接地是将电气设备正常情况下不带电的金属外壳通过接地装置与大地可靠连接,其原理如图 8-16 所示。当电气设备不接地时,如图 8-16(a)所示,若绝缘损坏,一相电源碰壳,电流经人体电阻 R_r、大地和线路对地绝缘电阻 R_j 构成的回路,若线路绝缘电阻损坏,电阻 R_j 变小,流过人体的电流增大,便会触电;当电气设备接地时,如图 8-16(b)所示,虽有一相电源碰壳,但由于人体电阻 R_r 远大于接地电阻 R_d(一般为几欧),所以通过人体的电流 I_r 极小,流过接地装置的电流 I_d 则很大,从而保证了人体安全。保护接地适用于中性点不接地或不直接接地的电网系统。

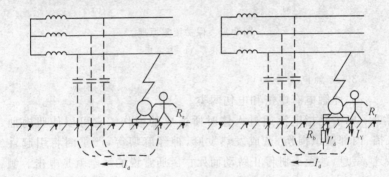

图 8-16　保护接地原理

(a) 未加保护接地；(b) 有保护接地

(2) 保护接零

在中性点直接接地系统中,把电气设备金属外壳等与电网中的零线做可靠的电气连接,称保护接零。保护接零可以起到保护人身和设备安全的作用,其原理如图 8-17(b)。当一相绝缘损坏碰壳时,由于外壳与零线连通,形成该相对零线的单相短路,短路电流使线路上的保护装置(如熔断器、低压断路器等)迅速动作,切断电源,消除触电危险。对未接零设备,对地短路电流不一定能使线路保护装置迅速可靠动作,如图 8-17(a)所示。

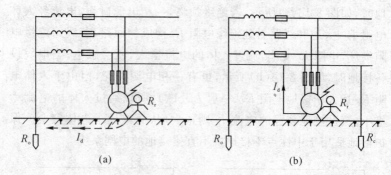

图 8-17 保护接零原理

（a）未接零；（b）接零后

3. 防触电安全知识

人体触电有电击和电伤两类。

电击是指电流通过人体时所造成的内伤。它可以使肌肉抽搐，内部组织损伤，造成发热发麻，神经麻痹等，严重时将引起昏迷、窒息，甚至心脏停止跳动而死亡。通常说的触电就是电击。触电死亡大部分由电击造成。

电伤是指电流的热效应、化学效应、机械效应以及电流本身作用下造成的人体外伤。常见的有灼伤、烙伤和皮肤金属化等现象。

（1）触电原因

触电的原因很多，但是归纳起来大致分为：

① 违章作业，不遵守有关安全操作规程和电气设备安装及检修规程等规章制度；

② 电气线路和设备存在缺陷，绝缘体破损；

③ 电气设备的接地（零）线断裂损坏；

④ 偶然的意外事故，如电线断落接触人体等。

（2）预防触电

防止触电一般采取以下措施：

① 不要靠近架空供电线路和变压器，更不要在架空变压器下

避雨；

② 不要触摸电力线附近的树木；

③ 人体不要接触带电裸线、接地线和带电（漏电）设备；

④ 要熟悉供电设备结构及供电系统接线，不违章触及有电设备操作；

⑤ 绝缘工具严禁超期使用；

⑥ 要确认停电线路带电挂地线；

⑦ 对有疑问或显示不正常的验电器严禁使用；

⑧ 一旦发现有人触电倒地，千万不要急于靠近搀扶，必须在采取应急措施后才能对触电者进行抢救，否则不但救不了别人，而且还会导致自身触电；

⑨ 万一电力线恰巧断落在离自己很近的地面上，首先不要惊慌，更不能撒腿就跑，这时候应该用单腿跳跃着离开现场，否则很可能会在跨越电流的作用下使人身触电。

4. 电器装置的安全维护和保养

（1）必须严格遵守操作规程，合上电流时，先合隔离开关，再合负荷开关，分断电流时，先断负荷开关，再断隔离开关。

（2）电气设备一般不能受潮，在潮湿场合使用时，要有防雨水和防潮措施。电气设备工作时会发热，应有良好的通风散热条件和防火措施。

（3）所有电气设备的金属外壳应有可靠的保护接地。电气设备运行时可能会出现故障，所以应有短路保护、过载保护、欠压和失压保护等保护措施。

（4）凡有可能被雷击的电气设备，都要安装防雷措施。

（5）对电气设备要做好安全运行检查工作，对出现故障的电气设备和线路，应及时做好检修工作。

5. 发生触电事故后的急救措施

触电急救的要点是要动作迅速，救护得法，切不可惊慌失措、束手无策。

(1) 首先要尽快地使触电者脱离电源

人触电以后，可能由于痉挛或失去知觉等原因而紧抓带电体，不能自行摆脱电源。这时，使触电者尽快脱离电源是救活触电者的首要因素。

对于低压触电事故，可采用下列方法使触电者脱离电源：

① 触电地点附近有电源开关或插头，可立即断开开关或拔掉电源插头，切断电源。

② 电源开关远离触电地点，可用有绝缘柄的电工钳或干燥木柄的斧头分相切断电线，断开电源；或干木板等绝缘物插入触电者身下，以隔断电流。

③ 电线搭落在触电者身上或被压在身下时，可用干燥的衣服、手套、绳索、木板、木棒等绝缘物作为工具，拉开触电者或挑开电线，使触电者脱离电源。

对于高压触电事故，可以采用下列方法使触电者脱离电源：

① 立即通知有关部门停电。

② 戴上绝缘手套，穿上绝缘靴，用相应电压等级的绝缘工具断开开关。

③ 抛掷裸金属线使线路短路接地，迫使保护装置动作，断开电源。注意在抛掷金属线前，应将金属线的一端可靠地接地，然后抛掷另一端。

(2) 脱离电源的注意事项

① 救护人员不可以直接用手或其他金属及潮湿的物件作为救护工具，而必须采用适当的绝缘工具且单手操作，以防止自身触电。

② 防止触电者脱离电源后，可能造成的摔伤。

③ 如果触电事故发生在夜间，应当迅速解决临时照明问题，以利于抢救，并避免扩大事故。

(3) 现场急救方法

当触电者脱离电源后，应当根据触电者的具体情况，迅速地对症进行救护。

现场应用的主要救护方法是人工呼吸法和胸外心脏按压法。

对症进行救护。触电者需要救治时,可按照以下三种情况分别处理:

① 如果触电者伤势不重,神志清醒,但是有些心慌、四肢发麻、全身无力;或者触电者在触电的过程中曾经一度昏迷,但已经恢复清醒。在这种情况下,应当使触电者安静休息,不要走动,严密观察,并请医生前来诊治或送往医院。

② 如果触电者伤势比较严重,已经失去知觉,但仍有心跳和呼吸,这时应当使触电者舒适、安静地平卧,保持空气流通;同时掀开他的衣服,以利于呼吸,如果天气寒冷,要注意保温,并要立即请医生诊治或送医院。

③ 如果触电者伤势严重,呼吸停止或心脏停止跳动或两者都已停止时,则应立即实行人工呼吸和胸外按压,并迅速请医生诊治或送往医院。

应当注意,急救要尽快地进行,不能等候医生的到来,在送往医院的途中,也不能中止急救。

(4) 口对口人工呼吸法,是在触电者呼吸停止后应用的急救方法。具体实施步骤如下:

① 触电者仰卧,迅速解开其衣领和腰带。

② 触电者头偏向一侧,清除口腔中的异物,使其呼吸畅通,必要时可用金属匙柄由口角伸入,使口张开。

③ 救护者站在触电者的一边,一只手捏紧触电者的鼻子,一只手托在触电者颈后,使触电者颈部上抬,头部后仰,然后深吸一口气,用嘴紧贴触电者嘴,大口吹气,接着放松触电者的鼻子,让气体从触电者肺部排出。每5 s吹气一次,不断重复地进行,直到触电者苏醒为止。开口困难时,可以使其嘴唇紧闭,对准鼻孔吹气(即口对鼻人工呼吸),效果相似。

(5) 胸外心脏按压法,是触电者心脏跳动停止后采用的急救方法。具体操作步骤如下：

① 触电者仰卧在结实的平地或木板上，松开衣领和腰带，使其头部稍后仰（颈部可枕垫软物），抢救者跪跨在触电者腰部两侧。

② 抢救者将右手掌放在触电者胸骨处，中指指尖对准其颈部凹陷的下端，左手掌复压在右手背上。

③ 抢救者借身体重量向下用力按压，压下 3～4 cm，突然松开，按压和放松动作要有节奏，每秒钟进行一次，每分钟宜按压 60 次左右，不可中断，直至触电者苏醒为止。要求按压定位要准确，用力要适当，防止用力过猛给触电者造成内伤和用力过小按压无效。

（6）触电者呼吸和心跳都停止时，允许同时采用"口对口人工呼吸法"和"胸外心脏按压法"。单人救护时，可先吹气 2～3 次，再按压 10～15 次，交替进行；双人救护时，每 5 s 吹气一次，每秒钟按压一次，两人同时进行操作。抢救既要迅速又要有耐心，即使在送往医院途中也不能停止急救。此外不能给触电者打强心针、泼冷水或压木板等。

复习思考题

1. 什么叫做带传动，根据工作原理不同可以分为哪两类？

2. 请简述 V 带传动的特点及型号。

3. 请简述液压传动的基本原理。

4. 常见的钢的热处理有哪些？

5. 钻削时应注意哪些工作内容？

6. 请简述触电的原因。

7. 请简述让触电者脱离电源的注意事项。

第四部分
中级脱水工技能要求

第九章　几种脱水设备水分高的调整

本章主要介绍离心机、真空过滤机、加压过滤机、压滤机水分高的调整方法。

一、离心脱水机的调整

根据水分的大小适当调整入料量和开车台数,直至水分达到要求。经常检查筛篮磨损程度。

二、真空过滤机的调整

1. 入料量较小时的调整

入料量的大小要以溢流槽刚刚溢出矿浆为准,当入料量低于溢流槽时说明入料量过小,会使产品水分增大。

2. 真空度低时的调整

真空度要达到设备参数要求,真空度低会增大产品水分。真空度低时要及时查找原因。

3. 精矿浓度低或精矿内细粒度含量大时的调整

精矿浓度低、细粒度含量大会影响产品水分,应适当增大精矿浓度及改善精矿内粒度组成,当精矿细泥量很大时,可考虑添加絮凝剂,具体添加方式和用量根据现场来确定。

三、加压过滤机水分高的调整

(1)调整罐内压力。当产品水分高时,适当增大罐内压力,可降低产品水分。

(2)调整大轴转速。当产品水分高时,适当降低大轴转速,可降低产品水分。

(3)调整液位。当液位低于溢流槽较多时,会降低罐内压力,导致产品水分较高。

（4）冲洗滤布。当滤布网眼堵塞较多时,严重影响产品水分,应按要求冲洗滤布,检查滤布网眼。

（5）提高矿浆中粗粒度含量。当精矿中细粒度煤含量增大时,会增大产品水分,所以精矿要保持一定的粒度组成。当精矿细泥量很大时,可考虑添加絮凝剂,具体添加方式和用量根据现场来确定。

四、压滤机的调整

1. 保持入料浓度

入料浓度越高,压滤过程中煤泥充满滤室所需的时间越短,压滤机的处理能力越大,滤饼的水分也越低。但浓度太高,则给料难。

2. 保持滤布平整度

滤布出现褶皱或表面煤泥清理不干净,会增大产品水分。

3. 保持滤板、滤布的完好

当出现滤板、滤布破损时,要及时进行更换。

4. 入料粒度

入料粒度粗会导致压滤机中心入料孔容易堵塞,结饼松散,滤饼水分高。

5. 压滤时间

压滤时间越长,滤饼水分越低,但影响压滤机处理能力。实际上当滤液一滴一滴流出时,即可停压卸饼。

6. 入料压力

提高入料压力,有助于缩短成饼时间和降低滤饼水分。

复习思考题

1. 当加压过滤机适当增大罐内压力时，产品水分会怎么样？
2. 当加压过滤机水分高时，如何调整？

第十章 脱水设备常见故障处理

本章主要介绍离心机、真空过滤机、加压过滤机、压滤机、隔膜式快速压滤机、滚筒式干燥机的常见故障和处理方法。

一、离心脱水机常见故障及处理方法

刮刀卸料和振动卸料离心脱水机常见故障及处理方法见表10-1、表10-2。

表 10-1　　刮刀卸料离心脱水机常见故障及处理方法

	现象	原因	处理方法
技术操作故障	离心机给不进煤	木片或超粒煤堵塞分配盘或筛网与刮刀之间的煤道	停止给煤，挖出卡住的木片或超粒煤；使离心机停车，用清水冲洗
	离心机转不起来	停车冲洗时，未将沉积的煤冲净，以致煤泥黏附在筛网和刮刀的间隙中	用清水冲洗，并设法将黏附的煤泥清除掉
	电动机启动，阻抗器烧坏	离心机带负荷启动，电动机启动时间过长，附加电阻未被拆除	拆掉损坏的阻抗器，用备用品代替
机械故障	离心机振动过大	安装不正确；弹性地脚螺栓失效；筛网与刮刀间的煤道堵塞；螺栓松动	找出原因，妥善处理；更换橡胶块；用清水冲洗；拧紧松动的螺栓
	离心液或煤中带油花	密封圈失效；减速器油箱放油孔螺栓脱出	更换密封圈；拧紧放油孔的螺栓
	离心机工作时发生异常音响	传动三角带打滑、翻转或松脱；筛网与刮刀的配合间隙变小，发生碰撞现象；螺栓松动	调整压紧胶带轮；调整好筛网与刮刀的配合问题，紧固螺栓
		离心机堵塞	用清水冲洗
	油压系统故障	油量不足，黏度不够，油质脏污，油路堵塞	更换润滑油；冲洗疏通油路
	筛网与刮刀转子的转速降低	传动三角胶带松弛	调整胶带压紧枪

表 10-2 　　　振动卸料离心脱水机常见故障原因分析及处理方法

故障特征	原因	处理方法
产品水分过高	筛缝被煤泥堵塞	用高压清水冲洗筛网
离心液中粗粒	筛网破损	更换新筛网
固体含量增加	筛网被击穿	修补或更换筛网
离心机 摆动太大	转子失去平衡,给料不均,有大块物料	改变入料情况
	筛网被卡住	取出堵塞物、冲洗筛网
离心机振幅减小	橡胶弹簧变硬或损坏	改变垫片,提高振次或更换新弹簧
油压下降	油内杂质太多	换油
有附加声音	可能螺栓松动	拧紧螺栓

二、真空过滤机常见故障及处理方法

真空过滤机常见故障及处理方法见表 10-3。

表 10-3 　　　真空过滤机常见故障原因分析及处理方法

故障特征	原因	处理方法
滤液浓度高	1. 过滤机滤布未压好	1. 压好滤布
	2. 过滤机滤布烂	2. 及时更换或缝补滤布
分配头抖动	1. 过滤机补偿弹簧未调整好	1. 压好弹簧
	2. 错气盘弹簧压得太紧	2. 适度压紧错气盘弹簧
	3. 过滤机分配头漏气	3. 处理漏气
分配头漏气	1. 上分配头压力不够	1. 提高压力
	2. 衬胶脱开或裂开	2. 及时更换衬胶
	3. 过滤机管接头松动、脱落	3. 固定好管接头
转盘窜动,跑边	1. 转盘水平偏差较大	1. 调整滤扇
	2. 挡轮磨损	2. 更换挡轮
	3. 过滤机星轮滚销啮合不良,产生较大径向力	3. 调整星轮滚销
	4. 过滤机转盘同心度不够	4. 调整主轴同心度
真空度低	1. 滤盘漏气主要是滤饼开裂、料浆流量过小;滤饼覆盖不完全,其次滤布未压好或有洞	1. 保持矿浆槽液位合适,保持滤布完好,不漏气
	2. 真空泵水温高,水量少	2. 更换或补加真空泵循环水
	3. 系统漏气	3. 保持管道和各节点不漏气

三、加压过滤机常见故障及处理方法

加压过滤机主要故障和处理方法见表10-4。

表 10-4 加压过滤机主要故障和处理方法

故障特征	原因	处理方法
加压仓压力低	1. 滤布损坏严重	1. 更换滤布
	2. 蝶阀损坏（包括入料蝶阀、回料蝶阀、仓放空蝶阀、上下滤液蝶阀、槽放空蝶阀）	2. 检查并更换蝶阀
	3. 下闸板密封圈密封不严	3. 更换密封圈
	4. 反吹阀胶垫坏	4. 更换反吹阀胶垫
	5. 滤液管破损	5. 检修滤液管，更换滤液管，最好是定期更换
	6. 扇形盘与滤液管接口密封垫漏气	6. 及时检查并补加扇形盘与滤液管接口处的密封垫
刮板输送机飘链	圆环链下面存煤	将刮板异型钢延长，使其与圆环链槽体等宽，直接刮取链下存煤
过滤槽内液位不稳	槽放空蝶阀或溢流蝶阀老化失灵导致窜料	更换蝶阀
压主轴	1. 入料浓度过高	1. 控制入料浓度
	2. 搅拌器故障	2. 保证搅拌器正常
上下闸板开关失灵	1. 上下闸板密封圈放不了气	1. 定期检查闸板密封圈进气、放气的气源控制电磁阀
	2. 接近开关处堆积煤	2. 清理接近开关，停车后及时清理下仓料位置上积煤
	3. 下仓料位计出故障	3. 定期检查保持液压站油位及油的纯洁度
	4. 液压站压力不够或闸板下部托辊老化阻力增大	4. 闸板托辊要按时注油

四、压滤机常见故障及处理

压滤机主要故障和处理方法见表10-5。

表 10-5　　　　　压滤机主要故障和处理方法

主要故障	原因	处理方法
滤液出黑水	滤布破损、泄露	更换、缝补滤布
喷流煤泥水	滤板密封不严,板面有煤泥杂物,滤布褶皱和因缝补造成的厚度不均	清除煤泥杂物,冲洗滤布,调平滤布
开始压滤不久,喷射煤泥水	过滤工作压力上升过快	逐步升压,泵流量可适当回调
尾板偏转大	滤板底部夹残存煤泥,底部滤布增厚	冲洗滤布,改缝布
头板位移过缓	高低压油泵上油不正常	检修滤油器,排出泵内空气,检查高低压油泵性能
头板爬行移动	油缸存有空气	打开油缸放气螺栓,反复排气
油缸高压端泄压时振动噪声大	急剧关闭或打开高压右路通路产生液压冲击	调节回路侧节流阀开闭口大小,减缓流速
拉板装置频繁冲击滤板手把,但不返回	拉板油不足,压力继电器不动作	调节压力继电器弹簧和调速阀流量,增加油路压力
拉板时滤板冲击力过大,拉板结束后碰到限位开关不停车	压力继电器弹簧太紧,油压过大,限位开关失灵或位置不对	调整压力继电器弹簧,同时调整溢流阀、调速阀,检查限位开关安装位置
冲洗活塞杆颤动,上下行速度缓慢	油面过低,油缸、油路内有空气,油黏度太大	给油箱添油,上下往复行程几次,加温或换低黏度油;调整溢流阀、调速阀
油泵发热不上油	电机或油泵转向不对,油脏、油面低,油泵有问题等	调整油泵或电机转向;清洗油泵、滤油器;加油,检查油泵

五、隔膜式快速压滤机常见故障及处理

隔膜式快速压滤机常见故障和处理方法见表10-6。

表 10-6 **隔膜式快速压滤机常见故障和处理方法**

故障现象	产生原因	排除方法
滤板之间跑料	1. 油压不足 2. 滤板密封面夹有杂物 3. 滤布不平整、折叠 4. 低温板用于高温物料,造成滤板变形 5. 进料泵压力或流量超高	1. 参见油压不足的调整方法 2. 清理密封面 3. 整理滤布 4. 更换滤板 5. 重新调整
滤液不清	1. 滤布破损 2. 滤布选择不当 3. 滤布开孔过大 4. 滤布袋缝合处开线 5. 滤布袋缝合处针脚过大	1. 检查并更换滤布 2. 重做实验,更换合适滤布 3. 更换滤布 4. 重新缝合 5. 选择合理针脚重新缝合
油压不足	1. 溢流阀调整不当或损坏 2. 阀内漏油 3. 油缸密封圈磨损 4. 管路外泄漏 5. 电磁换向阀未到位 6. 柱塞泵损坏 7. 油位不够	1. 重新调整或更换 2. 调整或更换 3. 更换密封圈 4. 修补或更换 5. 清洗或更换 6. 更换 7. 加油
滤板向上抬起	1. 安装基础不准 2. 滤板密封面除渣不净 3. 半挡圈内球垫偏移	1. 重新修正地基 2. 除渣 3. 调节半挡圈下部调节螺钉
主梁弯曲	1. 油缸端地基粗糙,自由度不够 2. 滤板排列不齐 3. 滤布密封面除渣不净	1. 重新安装 2. 排列滤板 3. 除渣
滤板破裂	1. 进料压力过高 2. 进料温度过高 3. 滤板进料孔堵塞 4. 进料速度过快	1. 调整进料压力 2. 换高温板或过滤前冷却 3. 疏通进料孔 4. 降低进料速度

故障现象	产生原因	排除方法
保压不灵	1. 油路有泄漏 2. 活塞密封圈磨损 3. 液控单向阀失灵 4. 安全阀泄漏	1. 检修油路 2. 更换 3. 用煤油清洗或更换 4. 用煤油清洗或更换
压紧、回程无动作	1. 油位不够 2. 柱塞泵损坏 3. 回程溢流阀弹簧松弛 4. 电磁阀无动作	1. 加油 2. 更换 3. 更换弹簧 4. 如属电路故障需重接导线 如属阀体故障需清洗更换
拉板装置动作失灵	1. 传动系统被卡 2. 时间继电器失灵 3. 拉板系统电器失灵 4. 拉板电磁阀故障	1. 清理调整 2. 检修或更换 3. 检修或更换 4. 检修或更换
气压不足	1. 隔膜固定夹套松开 2. 隔膜破损 3. 气源供气不足	1. 重新调整 2. 更换 3. 调整或检修

六、滚筒式干燥机常见故障及处理方法

（1）干燥后产品含水量大于规定值。如已按生产能力加料，则产生的原因是热量供应不足，应提高炉温（但进口烟气温度应低于 800 ℃）或减少给料量。

（2）干燥后产品含水量低于规定值。如已按生产能力加料，则产生的原因为热量供应过多，应适当加大给料量，但物料填充截面积应不大于筒体截面积的 20%。

（3）滚圈对筒体有摇动或相对移动。原因是：① 鞍座侧面没有加固紧，应加固紧。② 滚圈与鞍座间隙过大，应在鞍座与筒体间加垫调整。③ 小齿轮与大齿轮的啮合被破坏，原因：Ⅰ 托轮磨损，应车削或更换；Ⅱ 小齿轮磨损，可以反向安装，如两面都磨损则更换；Ⅲ大齿圈与筒体连接被破坏，应校正修理。

（4）滚筒振动或上下窜动。原因是：① 托轮装置与底座连接被破坏，应校正拧紧；② 托轮位置不正确，应按如下方法进行调整。

如图 10-1 所示，当筒体向下移动时，将调节螺栓 2 拧进一圈，螺栓 1 松退一圈，筒体可能停止下移，如果反过来又向上移动时，则在托轮上加液体润滑油，此时筒体可能停止上移。如果筒体仍然上移，则拧紧调整螺栓 1，松退调整螺栓 2，筒体停止上移。如果反过来又下移，则应将托轮上的润滑油揩掉，必要时，重复上述方法，再反向调整到不窜动为止。调节过程中，防止托轮向不同方向歪斜。

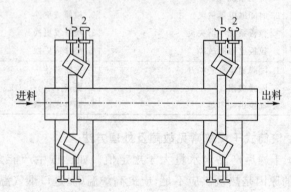

图 10-1　托轮位置调整

（5）挡轮损坏。原因是：筒体轴向力过大，应调整筒体，在正常运转中，上下挡轮都不应转动，或间断或交替转动。

（6）轴承温升过高。原因是：或因无润滑油，或有脏物，或因调整过偏有卡住现象，应及时处理。

第十一章　脱水工艺流程及图示

本章主要介绍选煤工艺流程图、设备联系图的画法和几种脱水基本工艺流程。

第一节　脱水工艺流程图例

我国选煤工艺流程图,广泛采用一粗一细双横线来表示工艺系统中的工艺作业点。在每组横线上,用汉字标注工序作业名称,用带箭头的实线连接各作业环节,构成一个完整的煤泥浮选工艺系统。每一工序作业的入料数量、产品质量和经济技术指标均采用阿拉伯数字,并将数据和字母代号标注在连接线旁边。循环水线采用双点线表示,补充水线和清水线用单点线表示。可能煤泥水线和事故放水线采用间断画线表示,并带有箭头表示连接去向。流程中出现"＋"号,表示煤泥筛上物,在脱水工艺中,表示底流、过滤机的滤饼,干燥后的产品和煤泥沉淀池干煤泥。流程中出现"－"号,表示溢流水、滤液和澄清水。图例表示方法见表 11-1。

表 11-1　　　　　　　　脱水工艺流程图例

序号	图例	代表的内容
1		工序作业点
2		煤泥水线

序号	图例	代表的内容
3	— · — · — ▷ — · —	可能煤泥水线,事故放水线
4	 — · · — · · — ▷ · · — · · —	循环水线
5	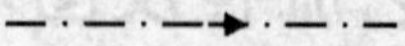 — · · · — · · · ▷ — · · · —	清水线,补充水线
6	＋	底流、滤饼、产品、煤泥筛上物
7	—	溢流水、滤液、澄清水
8	 ↓	煤泥水相交
9	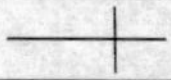 ┼	煤泥水不相交

一、工艺流程法定计量单位

工艺流程图的绘制方法是多种多样的,但是,在工艺流程图中应用统一规定的字母代号和法定计量单位,见表 11-2。

表 11-2　　　　　工艺流程图常用代号和法定单位

序号	名称	代号	法定计量单位	
			单位名称	单位符号
1	产率	r	百分数	%
2	产量	Q	吨/时、吨/天、吨/年	t/h、t/d、t/a
3	灰分	A	百分数	%
4	全水分	M_t	百分数	%
5	液固比	R		
6	水量	W	立方米/时	m³/h
7	悬浮液体积	V	立方米/时	m³/h
8	悬浮液中的固体量	G	吨/时	t/h
9	悬浮液中的磁性物数量	G_f	吨/时	t/h
10	悬浮液中的非磁性物数量	G_e	吨/时	t/h
11	最高内在水分	MHC	百分数	%
12	水分	M	百分数	%

特别是在同一张图纸上应采用统一规定的代号,如果采用其他代号时,必须在图例中注明,以便于读者阅读、理解图中所表示的内容。例如,r 表示流程中某一产物的产率;Q 表示流程中某一产物的数量;A 表示流程中某一产物或产品的灰分;M_t 表示流程中某一产品的全水分。这些代号或符号在图中表示某一产物的特性,使图纸清晰明确,让读者看得清,能理解图示的含义。

二、设备联系图示

选煤厂的主要工艺设备系指用于直接加工原煤的设备,包括破碎、筛分、分级、选煤、脱水、浓缩以及产品运输系统中的设备等。

设备名称图图例见表 11-3。

表 11-3　　　　　　　　　　设备名称图图例

序号	图例	设备名称
1	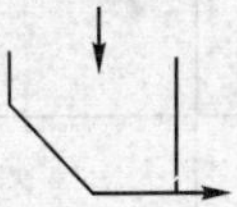	泵池
2	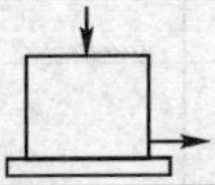	药剂罐
3	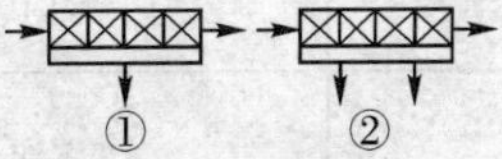	浮选机 ① 二产品;② 三产品
4	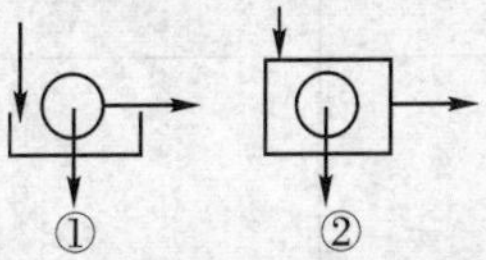	圆筒式过滤机 ① 真空;② 加压
5	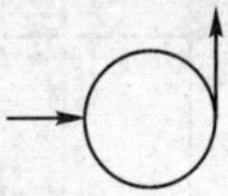	水泵
6	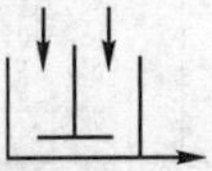	搅拌桶

脱 水 工

序号	图例	设备名称
7		沉淀塔
8		真空泵
9	① ②	浓缩机 ① 耙式；② 深锥
10		气水分离器
11		带式输送机
12	① ②	抓斗起重机 ① 桥式；② 门式
13		沉淀池
14		仓
15		给料机
16		压滤机

序号	图例	设备名称
17		压风机
18		风机
19		储气罐
20	① ②	圆盘式过滤机 ① 真空；② 加压
21		火力干燥机
22		角锥沉淀池
23	① ②	重介质旋流器 ① 二产品；② 三产品
24		分级旋流器
25		水介质旋流器

脱 水 工

序号	图例	设备名称
26	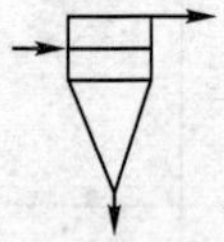	浓缩旋流器
27	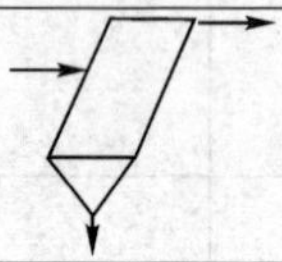	倾斜沉淀槽
28	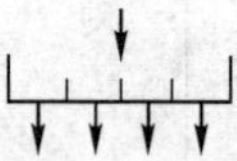	分配器
29	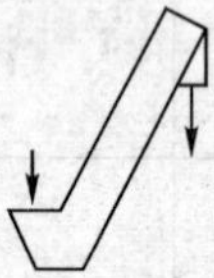	斗式提升机
30	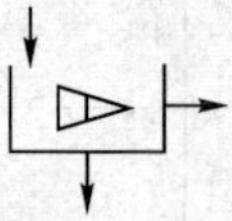	沉降过滤式离心机
31	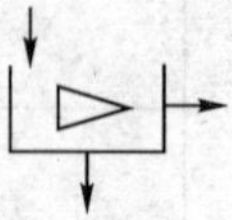	沉降式离心机
32	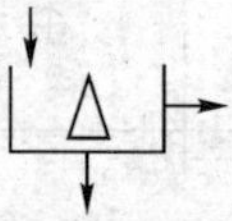	过滤式离心机

三、设备联系图连接图示

浮选设备联系图,是将工艺过程中所采用的设备,在工艺系统中按先后顺序连接起来,以表示完整工艺流程的一种示意图。设备联系图图示见表 11-4。

表 11-4 设备联系图图示

序号	图示	图示含义
1	————	主要煤流线
2	—·—·—·—	清水线
3	—··—··—	循环水线
4	—M—M—M—	煤泥水线
5	_K_K_K_	空气线
6	⊤ ┤ ├ ⊥	流程线汇集、分叉
7	—y—y—y—	浮选药剂线、输油线
8	—N—N—N—	絮凝剂线
9	—G—G—G—	矸石线、灰渣线
10	——┼——	流程线通过而不汇交
11	—D—D—D—	滴水、放水、溢水线
12	··············	可能运输线
13	—H—H—H—	合格介质、磁选精矿线
14	—X—X—X—	稀介质线
15	—C—C—C—	磁选尾矿线

第二节 脱水基本工艺流程

一、末煤产品的脱水流程

图 11-1 表示末精煤分选后产品脱水流程,在图示中离心机的滤液进入磁选机进行磁铁矿回收,原因是经过脱介筛脱介后的产品仍然带有一部分重介质,在离心机进行脱水的过程中,这部分重介质进入滤液中,应通过磁选机进一步回收。

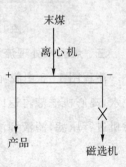

图 11-1 脱水流程图

二、浮选产品脱水流程图

图 11-2 中经过浮选机分选后的浮选精矿进入过滤机(或精煤压滤机等其他适合浮选精煤脱水的脱水设备)进行脱水,滤液和过滤机溢流循环;浮选尾矿先进入浓缩机形成高浓度煤泥水,然后进入压滤机脱水,对于高寒地区或对产品水分要求高的选煤厂还要进行干燥处理。

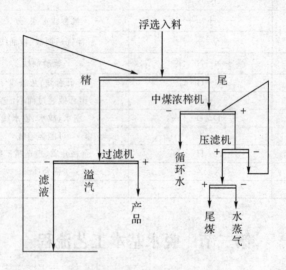

图 11-2 浮选产品脱水流程图

三、煤泥水处理流程图

流程图 11-3 中脱泥筛筛下水经水力旋流器后,底流经离心机脱水,离心机滤液再返回水力旋流器,溢流经浓缩机浓缩后打入压滤机进行压滤,滤液和浓缩机溢流进入厂循环水系统复用。

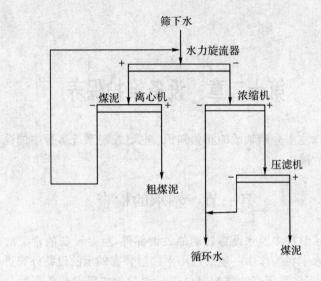

图 11-3　煤泥水处理流程图

复习思考题

1. 工艺流程中出现"+"号,表示什么?
2. 设备联系图中 ⋯⋯⋯⋯⋯ 线代表什么线?

第十二章　设备维护保养

本章主要介绍轴承的相关知识、电器控制系统运行中的巡检和常见故障。

第一节　轴承的检查

轴承是很多脱水设备转动的关键部件,也是设备的常见故障点。脱水工在操作中一般通过用手接触装有轴承的设备外壳进行检查,也可以采用红外线测温仪进行测量。如果发现外壳发热或者烫手,应立即采用通风散热等相关降温措施,并在交接班本上记录设备的运转情况。滚动轴承在运转中有异常振动或响声,应立即停机,检查轴承是否烧坏。若轴承烧坏,则三角带皮带轮不转动或三角带滑动;摩擦发热烧坏胶带,会发生胶带臭味。此时应立即停止电动机,并把情况向调度室或值班领导汇报,请维修工检查。

一、滑动轴承

滑动轴承常见的有:铜瓦、铜套、钨金瓦、铸铁瓦和铸铁套等。

1. 轴与轴瓦的径向间隙规定

轴与轴瓦的径向间隙规定见表 12-1。

表 12-1　　　　　　　　轴与轴瓦的径向间隙规定

轴径直径/ mm	径向间隙		最大磨损间隙/mm
	1 500 r/min 以下	1 500－3 000 r/min	
18～30	0.04～0.06	0.06～0.09	0.2～0.3
30～50	0.06～0.09	0.09～0.14	0.3～0.4
50～80	0.09～0.13	0.14～0.20	0.4～0.6

轴径直径/ mm	径向间隙		最大磨损间隙/mm
	1 500 r/min 以下	1 500—3 000 r/min	
80～120	0.13～0.18	0.20～0.30	0.6～0.9
120～180	0.18～0.25	0.30～0.40	0.9～1.2

注:如果转速在 200 r/min 以下时,其最大磨损间隙可以增大 1 倍。

2. 轴径与轴向间隙

轴径的长度较轴瓦长度稍长,对于一般轴承,其轴向间隙见表 12-2。

表 12-2　　　　　轴径与轴向间隙的规定　　　　　mm

轴径	轴向间隙	轴径	轴向间隙
<50	0.20	<150	0.40
<100	0.30	<200	0.50

3. 其他要求

车制后的主轴瓦,其表面应光平、洁净,不允许有沙眼存在。轴瓦在使用前,应进行刮研。轴瓦应有合格的油槽,其油槽的边缘,应为圆弧形状,不得有尖锐的凸缘。轴瓦的结合面不得漏油。轴瓦的最高温度为 50～55 ℃,最高温升不得超过 35 ℃,如使用循环油润滑的轴瓦最高温度允许到 50～70 ℃。

二、滚动轴承

滚动轴承依靠其主要元件间的滚动接触来支撑传动或者摆动零部件,其相对运动表面间的摩擦是滚动摩擦。与滑动轴承相比,滚动轴承的主要优点是:启动转矩比滑动轴承要低得多,维护比较方便,润滑剂消耗较少。其缺点是:径向外廓尺寸比滑动轴承大,承受冲击载荷能力较差,高速重载荷下寿命较低,减振能力比滑动轴承低。

滚动轴承的类型按滚动体的形状,可分为球轴承和滚子轴承;按接触角的大小和所能承受载荷的方向,可分为向心轴承和推力轴承。

1. 径向间隙与允许磨损的关系

径向间隙与允许磨损超过表 12-3 的规定,则滚动轴承应立即更换。

表 12-3 径向间隙与允许磨损的关系 mm

轴承内径	滚珠		滚柱	
	径向间隙	允许磨损	径向间隙	允许磨损
10~30	0.008~0.015	0.05	0.020~0.035	0.10
30~50	0.012~0.022	0.07	0.025~0.045	0.13
50~80	0.013~0.025	0.08	0.035~0.060	0.18
80~100	0.014~0.029	0.09	0.045~0.070	0.21
100~120	0.015~0.034	0.11	0.050~0.080	0.24
120~140	0.017~0.040	0.12	0.060~0.090	0.27
140~180	0.018~0.045	0.14	0.065~0.110	0.33
180~225	0.021~0.055	0.17	0.080~0.135	0.41
225~280	0.025~0.065	0.20	0.100~0.165	0.50

2. 在安装滚动轴承时应该检查的内容

(1)核对所更换滚动轴承的种类及型号是否符合原设备的设计要求。在安装过程中,滚动轴承的外径尺寸是安装人员比较注意也容易发现的,但对其轴承种类则容易忽视,造成安装后的滚动轴承不能正常地运转。在实际工作中,此类低级错误造成的返工和损失较大。

(2)检查滚动轴承的滚体表面和外圈的工作表面。外表应光滑,不应有任何缺陷。

(3)在安装滚动轴承前,应洗刷干净,发现带有回火的轴承,不能使用。

(4)轴承的珠架应是完整无损,无裂纹和裂口,珠架边缘上不应有磨损现象,以防滚珠、滚柱脱出。

3. 安装滚动轴承应注意的事项

(1) 安装轴承时,禁止使用钢锤对轴承内外直接敲击。

(2) 轴、轴承座和轴承的配合。只经过粗加工的一律不得装配使用,使用滚珠与轴及轴承座配合松动,不得在轴颈上或轴承座内壁用局部变形的方法勉强使用,应当镶套与修补。

(3) 向轴上压装轴承时,最好将轴承在油盆内加热到 50～100 ℃,但不得超过 100 ℃,时间约为 15～20 min;用润滑脂时,只需装入轴承箱所容纳容量的 1/3;用润滑油时,其油面应与轴承最低一个滚动体的中心线相齐,不得过高或偏低。

非调心滚动轴承,装配后的内外圈应保持平行,如有偏斜,最大不得超过 15′～30′。

调心滚动轴承,在安装配合上内圈(轴)与外圈偏斜最大不得超过 3°。

4. 滚动轴承运转温度

滚动轴承在运行时的温度,如用润滑脂润滑,其最高温度为 60～65 ℃;如用液体润滑油循环润滑,其最高温度为 70～80 ℃。如发现温度异常,应及时找出原因并予以排除。常见原因是没有按规定要求进行润滑,润滑系统损坏,转动部分被卡住,从而导致负荷过大、工作负荷过大和滚动轴承损坏等。

第二节 电气控制系统运行中的巡检和常见故障

一、电气控制系统的巡检

电气控制系统在运行过程中往往会出现一些故障。如电动机不能正常启动或停不下来等,有时甚至会发生电动机烧坏或人身触电等事故。为了确保生产机械正常运行,除了必须严格遵守操作规程,避免错误操作以外,还需要做好运行中的监视和设备维护。在事故发生以前,一般会有异常现象,如果工作人员能及时察觉并采取措施,就可以避免事故或不使事故扩大,以减少损失。要做好监视和维护工作,必须熟知电动机和电气设备的性能,能分辨它们在运行中的症状。操作人员常用的监视方法有听、嗅、看和摸等。

(1) 听,就是要注意分辨电动机和电气设备运行时的正常声音和异常声音。电动机电流过大时,会发出"嗡嗡"声;接触器正常吸合时声音清脆,当有故障时,常听不到声音或听到"嗒嗒"的抖动声。

(2) 嗅,就是要观察电动机和电气设备运行时是否有异味出现。当发生电动机、电器线圈烧损等现象时,就会出现焦臭味。

(3) 看,就是要观察电动机和电气设备运行时是否有异常现象。如出现冒烟、连接处松动打火、电动机产生大的抖动等,均属异常现象。

(4) 摸,就是在确保安全的前提下,用手摸测电动机或电气设备外壳的温度是否正常,如觉得过热,就是电动机和电气设备绕组烧损的前兆。

操作人员通过听、嗅、看、摸等直接感觉进行监视,若发现有异常现象,应立即切断电源,进行维修。

二、电动机维护常识

(1) 注意电动机的配合状况,轴颈、轴承、集电环或换向器和电刷的磨损情况。注意电刷与集电环或换向器接触面的火花情况。

(2) 电动机绝缘,防止灰尘、污垢、潮湿空气及其他有害气体进入电动机,损坏绕组绝缘。

(3) 监视电动机绕组、铁心、轴承、集电环或换向器等部分的温度,防止电动机过热。

（4）监视电动机负载情况,使负载在额定允许范围之内。

（5）注意接地保护装置是否正常。

（6）监视电动机是否有不正常的响声。

（7）注意电动机通风情况,进出风口必须通畅。

三、电动机常见故障

1. 电动机不能启动的原因

（1）主电路或控制电路的熔断器熔断;

（2）热继电器动作后尚未复位;

（3）控制电路中按钮和继电器的触点不能正常闭合,接触器线圈内部断线或连接导线脱落;

（4）主电路中接触器的主接头,因楔铁被卡住而不能闭合,或连接导线脱落;

（5）启动时工作负载太重。

2. 电动机在启动时发出"嗡嗡"声

这是由电动机缺相运转引起的,应立即切断电源,否则电动机会被烧坏。造成缺相的原因有:

（1）有一相熔断器熔断;

（2）接触器不能正常吸合;

（3）某相接头处接触不良,导线接头处有氧化物、油垢或连接螺钉未旋紧等引起;

（4）电源线有一相内部短线。

3. 电动机不能连续运转

可能由接触器的自保触点不能闭合或连接导线松脱断裂引起。

4. 电动机温升过高

产生这种情况的原因常为负载过重,电动机通风条件差或轴承油封损坏,因漏油而润滑不良等。

复习思考题

1. 请简述安装滚动轴承时应注意的事项。
2. 请简述电动机不能正常启动的常见原因。
3. 请简述电动机日常维护的常识内容。

第五部分
高级脱水工知识要求

第十三章 煤的形成、性质、分类、用途及选煤目的

本章主要介绍选煤的一些基本知识和选煤目的及方法。

一、煤的形成

煤是由地质历史时期中生长繁茂的植物在适宜地质环境中，逐渐堆积成层，并埋没在水底或泥沙中，经过漫长年代的煤化作用而成的。

二、煤的组成和性质

由于成煤的原生物质和成煤的地质地理条件不同，不同地区各种煤的组成和性质有很大的差异。煤是不均质的混合物，由有机物质和无机物质两部分组成，主要是有机物质。有机物质可以燃烧，所以也叫可燃体。无机物质主要是各种矿物杂质，通常不能燃烧。

煤的性质分为物理性质、化学组成、工艺性能和燃烧性能等。

煤的物理性质包括煤岩组成、颜色、光泽、密度、硬度、导电性、导热性、耐热性、磁性、粒度组成、泥化程度等。

煤岩组成可分为镜煤、亮煤、暗煤和丝炭四种。它们在外观上有很大差别。镜煤和亮煤都有光泽，但镜煤的断口呈贝壳状，质地较致密；暗煤和丝炭都无光泽，暗煤的质地坚硬而无层理，丝炭很像碎木屑。煤岩的组成对煤的性质和用途有重要影响。

三、煤的分类和用途

世界各国对煤炭的分类采用不同的标准。我国国家标准《中国煤炭分类》是以煤化程度及工艺性能作为分类的标准，将煤炭分

为无烟煤、烟煤和褐煤三大类。

无烟煤以干燥无灰基挥发分和干燥无灰基氢含量做煤化程度的指标来区分无烟煤的小类,即无烟煤一号、无烟煤二号和无烟煤三号。

烟煤采用两个参数来确定类别:一个是表征烟煤煤化程度的参数,另一个是表征烟煤黏结性的参数。烟煤煤化程度的参数采用干燥无灰基挥发分做指标,烟煤黏结性的参数选用黏结指数和胶质层最大厚度做指标来区分类别,即贫煤、贫瘦煤、瘦煤、焦煤、肥煤、1/3焦煤、气肥煤、气煤、1/2中黏煤、弱黏煤、不黏煤、长焰煤共 12 类。

四、选煤目的

选煤的主要目的是:

(1) 除去原煤中的杂质,降低灰分和硫分,提高煤炭质量,适应用户的需要。

(2) 把煤炭分成不同质量、规格的产品,适应用户需要,以便有效合理地利用煤炭,节约用煤。

(3) 煤炭经过洗选,矸石可以就地废弃,可以减少无效运输,同时为综合利用煤矸石创造条件。

(4) 煤炭洗选可以除去大部分的灰分和 $50\% \sim 70\%$ 的黄铁矿硫,减少燃煤对大气的污染。

五、选煤方法

选煤方法种类很多,可概括分为两大类:干法选煤和湿法选煤。选煤过程在空气中进行的,叫做干法选煤。选煤过程在水、重液或悬浮液中进行的,叫做湿法选煤。

选煤方法还可以分为重力选煤、浮游选煤和特殊选煤等。

复习思考题

1. 选煤的方法分几类，分别是什么？
2. 煤是如何形成的？

第十四章　脱水过程的技术检查

本章主要介绍技术检查的基本知识、脱水设备工艺效果评定、煤中水分的测定等。

第一节　技术检查基本知识

一、采样

在煤矿正常生产条件下,从运煤设备或煤流中按规定采取的、代表生产煤的物理性质和化学性质的煤样称为生产煤样。

煤样采取必须遵守的规则为:采取的煤样必须具有代表性。因此,要保证被采的物料任何部分都有相同机会进入样品,这是一般必须遵循的要求。

1. 从物料流中采取煤样的规则

(1)采样设备必须截取物料流全断面。

(2)要保证被采物料任何粒状或块状都有同等机会进入样品中。采样设备的敞口宽度不低于所采物料最大粒度的 2.5 倍。在转载点落差安装的采样设备截取物料的宽度要比物料流最大宽度大 10%。

(3)每个子样的质量不低于该物料最大粒度所规定的最少子样质量。

(4)采取子样的数量取决于物料的不均匀性和所要求的精确度。

(5)采样间隔的时间要求一样。

（6）设备工作不正常时不应采样，要避免设备工作节奏性带来的系统误差。

（7）所采取的子样必须全部进行制备加工。

2. 从运输容器中采取煤样的规则

（1）要保证被采物料任何一部分都有相同机会进入样品。

（2）要保证每一个子样的质量不低于物料中最大粒度所规定的最少子样质量。

（3）采样点的布置应避免由于物料离析造成的系统误差。

（4）采取子样的数量取决于物料的不均匀性和所要求的精确度。

3. 生产煤样采取的一般原则规定

生产煤样在矿井煤层正常生产条件下进行采取，生产煤样采取时间必须以一个循环班为单位，所取的车数或子样个数应按产量比例分配到每一工作班中，然后再在每一工作班中按产量平均分配。

4. 生产煤样的采取

（1）矿车取样法。应以单车为抽取单位，车数不少于 12 车，煤样总质量不少于 5 t。

（2）煤流中取样法。子样个数最少为 36 个，子样质量依煤炭最大粒度而定，最大粒度大于 150 mm 时，每个子样最少质量为 150 kg；最大粒度为 150～50 mm 时，每个子样最少质量为 100 kg。

根据不同生产条件，按下列各法采取子样：在胶带输送机、刮板输送机或链板输送机上采样时，要停止输送机，截取整个一段煤流作为一个子样；在机头卸煤端用取样溜子截取，必须一次截取煤流的整个断面作为一个子样；在装车站放煤口装入矿车将满时，放入能截取整个煤流断面并能容纳一个子样质量的容器，截取煤流的整个断面作为一个子样。

二、制样

由煤炭产品中采来的原始煤样质量达几百千克甚至几吨,如果将所有采来的煤样都分析化验,显然是不可能的。因此,对所采煤样必须进行缩制。

将原始煤样按规定经过破碎、筛分、掺和、缩分等工序,制成供试验或化验用煤样的操作过程称为煤样的制备。

煤样制备必须遵守的规则:

(1) 所采煤样应该全部进行制备加工。

(2) 不允许丢失或掺入杂物。

(3) 煤样的加工方法和流程应保证制备好的煤样具有所研究特性的精确度。

(4) 缩制后的中间煤样或制备好煤样的质量应不低于相应粒度规定的最少质量。

一般说来,煤样的粒度越大,煤样的均匀性和代表性也就越差。因此粒度级别不同,要求有代表性煤样最小质量也就不同。煤样应按规定的制备系统及时制备成分析煤样,或先制成适当粒度的煤样。如果水分大,影响进一步破碎、缩分时,应适当地进行干燥。除使用破碎缩分机外,煤样应破碎至可全部通过相应的筛子再进行缩分,大于 25 mm 的煤样未经破碎不允许缩分。

煤样的制备既可一次完成,也可以分几部分处理。若分几部分,则每部分都应按同一比例缩分出煤样,再将各部分的煤样合起来作为一个煤样。

三、脱水设备工艺效果评定

适用于选煤厂脱水筛、离心脱水机、过滤机、压滤机、脱水斗式提升机和脱水仓。

1. 评定指标

采用脱水效率为评定脱水设备工艺效果的综合指标,并以产品水分为辅助评定指标。

脱水效率计算公式为：

$$\eta_t = \frac{(a-b)(c-a)100}{a(c-b)(100-a)} \times 100\%$$

式中　η_t——脱水效率，%；

　　　a——入料质量百分浓度，%；

　　　b——筛下水（或离心液、滤液）质量百分浓度，%；

　　　c——脱水产品的质量百分浓度，%。

产品水分采用全水分 M_t。

对双层脱水筛的上层筛和脱水斗式提升机以及脱水仓，只采用产品水分 M_t 评定其脱水效果。

2. 采制化和计算

采取脱水设备的入料、筛下水（或离心液、滤液）和脱水产品，测定它们的质量百分浓度进行全级小筛分试验，脱水产品测定全水分。

3. 记录和测定

需记录和测定设备型号规格、用途及处理能力。另外，根据需要测定和记录：

入料性质——煤的牌号、粒度组成、灰分；

设备特征——筛孔尺寸、筛子工作面积、离心强度、真空度、滤布网目等；

操作条件——入料方式、过滤机入料中添加絮凝剂的品种、用量等。

第二节　煤的水分及测定

水分是一项重要的煤质指标。全水分更是商品煤计量不可缺少的重要指标。

一、煤中水分

煤中的水分是煤炭的组成部分。煤中水分随煤的变质程度呈规律性变化。泥炭水分最大,可达40%～50%;褐煤次之,约10%～40%;烟煤较低;到无烟煤又有增加的趋势。

煤中水分按结合状态分为游离水和化合水(结晶水)两类。游离水是以物理吸附或吸着方式与煤结合的;化合水是以化合的方式同煤中矿物质结合的水,它是矿物晶格的一部分。

煤的工业分析只测定游离水。游离水按其赋存状态又分为外在水分和内在水分。煤的外在水分是指吸附在煤颗粒表面或非毛细孔中的水分,在实际测定中是煤样达到空气干燥状态所失去的那部分水。煤的内在水分是指吸附或凝聚在煤颗粒内部毛细孔中的水分,在实际测定中是指煤样达到空气干燥状态保留下来的那部分水。

当煤颗粒中毛细孔吸附的水达到饱和状态时,此时的内在水分达到最高值,称为煤的最高内在水分。

煤质分析中测定的水分主要有全水分、空气干燥煤样水分和最高内在水分。收到煤样的全水分是指使用单位收到或即将投入使用状态下煤的水分,称为收到基水分。空气干燥煤样水分是指在一定条件下,空气干燥煤样在实验室中与周围空气湿度达到大致平衡时所含的水分。最高内在水分是煤样在温度30℃、相对湿度96%下达到平衡时所含有的水分。煤中水分用间接测定法,即将已知质量的煤样放在一定温度下干燥至恒重,以煤样水分蒸发后质量损失计算煤的水分。

二、煤中全水分的测定

煤中全水分测定方法有方法A(通氮干燥法)、方法B(空气干燥法)、方法C(微波干燥法)和方法D,方法D适用于外在水分较高的煤。

1. 一般要求

(1)煤样:方法A、B和C采用粒度小于6 mm的煤样,煤样量不少于500 g,方法D采用粒度小于13 mm的煤样,煤样量约

2 kg。

(2) 在测定全水分之前,首选应检查煤样容器的密封情况,然后将其表面擦拭干净,用工业天平称准到总质量的 0.1%,并与容器标签所注明的总质量进行核对。如果称出的总质量小于标签上所注明的总质量(不超过 1%),并且能确定煤样在运送过程中没有损失时,应将减少的质量作为煤样在运送过程中的水分损失量,并计算出该量对煤样质量的百分数(M_1),计入煤样全水分。

(3) 称取煤样之前,应将密闭容器中的煤样充分混合至少 1 min。

2. 方法 A(通氮干燥法)

(1) 方法提要

称取一定量粒度小于 6 mm 的煤样,在干燥氮气流中、于 105～110 ℃下干燥到质量衡定,然后根据煤样的质量损失计算出水分的含量。

(2) 试剂

氮气:纯度 99.9% 以上。

无水氯化钙:化学纯,粒状。

变色硅胶:工业用品。

(3) 仪器、设备

① 小空间干燥箱:箱体严密,具有较小的自由空间,有气体进、出口,每小时可换气 15 次以上,能保持温度在 105～110 ℃范围内。

② 玻璃称量瓶:直径 70 mm ,高 35～40 mm,并带有严密的磨口盖。

③ 干燥器:内装变色硅胶或粒装无水氯化钙。

④ 分析天平:感量 0.001 g。

⑤ 工业天平:感量 0.1 g。

⑥ 流量计:测量范围 100～1 000 mL/min。

⑦ 干燥塔:容量 250 mL,内装变色硅胶。

(4) 测定步骤

用预先干燥并称量过(称准至 0.01 g)的称量瓶迅速称取粒度小于 6 mm 的煤样 10~12 g(称准至 0.01 g),平摊在称量瓶中。打开称量瓶盖,放入预先通入干燥氮气并已加热到 105~110 ℃ 的干燥箱中,烟煤干燥 1.5 h,褐煤和无烟煤干燥 2 h。从干燥箱中取出称量瓶,立即盖上盖,在空气中放至约 5 min,然后放入干燥器中,冷却到室温(约 20 min),称量(称准到 0.01 g)。进行检查性干燥,每次 30 min,直到两次干燥煤样质量的减少不超过 0.01 g 或质量有所增加为止。在后一种情况下,应采用质量增加前一次的质量作为计算依据。水分在 2% 以下时,不必进行检查性干燥。

(5) 计算结果

全水分测定结果按下式计算:

$$M_t = m/m_1$$

式中　M_t——煤样的全水分,%;

　　　m——煤样的质量,g;

　　　m_1——干燥后煤样减少的质量,g。

如果在运送过程中煤样的水分有损失,则按下式求出补正后的全水分值。

$$M_t = M_1 + (m/m_1)(100 - M_1)$$

式中,M_1 是煤样运送过程中的水分损失量(%)。当 M_1 大于 1% 时,表明煤样在运送过程中可能受到意外损失,则不补正。

3. 方法 B(空气干燥法)

(1) 方法提要

称取一定量的粒度小于 6 mm 的煤样,在空气流中于 105~110 ℃ 下干燥到质量恒定,然后根据煤样的质量损失计算出水分的含量。

(2) 仪器设备

干燥箱：带有自动控温装置和鼓风机，并能保持温度在 105～110 ℃ 范围内。

其他仪器设备同方法 A。

（3）测定步骤

用预先干燥并称量过（称准至 0.01 g）的称量瓶迅速称取粒度小于 6 mm 的煤样 10～12 g（称准至 0.01 g），平摊在称量瓶中。打开称量瓶盖，放入预先鼓风并已加热到 105～110 ℃ 的干燥箱中，在鼓风条件下烟煤干燥 2 h，无烟煤干燥 3 h。

从干燥箱中取出称量瓶，立即盖上盖，在空气中冷却约 5 min。然后放入干燥器中，冷却至室温（约 20 min），称量（称准至 0.01 g）。

（4）计算结果同方法 A

4. 方法 C

（1）方法提要

称取一定量的粒度小于 6 mm 的煤样，置于微波炉内。煤中水分子在微波发生器的交变电场作用下，高速振动产生摩擦热，使水分迅速蒸发。根据煤样干燥后的质量损失计算全水分。

（2）仪器设备

微波干燥水分测定仪，凡符合以下条件的微波干燥水分仪都可使用：

① 微波辐射时间可控；

② 煤样放置区微波辐射均匀；

经试验证明测定结果与方法 A 的结果一致。

（3）测定步骤

按微波干燥水分测定仪说明书进行准备和状态调节。称取粒度小于 6 mm 的煤样 10～12 g（称准至 0.01 g），置于预先干燥并称量过的称量瓶中，摊平。打开称量瓶盖，放入测定仪的旋转盘的规定区内。关上门，接通电源，仪器按预先测定的程序工作，直到工作程序结束。打开门取出称量瓶，盖上盖，立即放入干燥器中，冷却到室温,然后称量(称准至 0.01 g)。如果仪器有自动称量装置,则不必取出称量。

(4) 结果计算

同方法 A,计算煤中全水分的百分含量,或从仪器显示器上直接读取全水分的含量。

5. 方法 D

(1) 一步法

称取一定量的粒度小于 13 mm 的煤样,在空气流中于 105～110 ℃下干燥到质量恒定,然后根据煤样的质量损失计算出全水分的含量。

(2) 两步法

将粒度小于 13 mm 的煤样,在温度不高于 50 ℃的环境下干燥,测定外在水分;再将煤样破碎到粒度小于 6 mm,在 105～110 ℃下测定内在水分,然后计算全水分含量。

(3) 仪器设备

浅盘:由镀锌铁板或铝板等耐热、耐腐蚀材料制成,其规格应能容纳 500 g 煤样,且单位面积负荷不超过 1 g/cm²,盘的质量不大于 500 g。

其余仪器设备同方法 B。

(4) 测定步骤

① 一步法:

用已知质量的干燥、清洁的浅盘称取煤样 500 g(称准至 0.5 g),并均匀地摊平,然后放入预先鼓风并加热到 105～110 ℃的干燥箱中。在鼓风的条件下,烟煤干燥 2 h,无烟煤干燥 3 h。将浅盘取出,趁热称量,称准到 0.5 g。

进行检查性干燥,每次 30 min,直到连续两次干燥煤样质量的减少不超过 0.5 g 或质量有所增加为止。在后一种情况下,应采用质量增加前一次的质量作为计算依据。

结果计算:同方法 A。

② 两步法:

准确称量全部粒度小于 13 mm 的煤样(称准到 0.01%),平摊在浅盘中,于温度不高于 50 ℃ 的环境下干燥到质量恒定(连续干燥 1 h 质量变化不大于 0.1%),称量(称准到 0.01%)。将煤样破碎到粒度小于 6 mm,按方法 B 所述测定内在水分。

计算煤中全水分百分含量:

$$M_t = M_f + \frac{100 - M_f}{100} \times M_{inh}$$

式中　M_f——煤样的外在水分,%;

　　　M_{inh}——煤样的内在水分,%。

复习思考题

1. 煤质分析中测定的水分主要有哪几种?
2. 煤中全水分的测定有哪几种方法?

第十五章 电、钳工知识

本章主要介绍电工、钳工的一些知识。

第一节 电工知识

一、电动机的分类

电动机是依靠电磁感应的原理实现电能与机械能之间转变的机械。把电能转变成机械能的机械称为电动机,把机械能转变为电能的电动机称为发电机。

(1) 电动机按其电流是否交变,分为直流电动机和交流电动机两大类。交流电动机按其转速与电流频率之间是否有严格的关系又可分为同步电动机和异步电动机两大类。

(2) 按电动机外壳的不同防护形式可分为开启式、防护式、封闭式及全封闭式等。

(3) 按定子铁心外圈尺寸的大小可分为小型电动机(外圈为 $120\sim500$ mm)、中型电动机(外圈为 $500\sim990$ mm)和大型电动机(外圈为 $1\,000$ mm)。

(4) 按电动机转子的结构形式可分为笼型(以前称鼠笼型)和绕线形两类。笼型又分为单笼型、双笼型和深槽型等。

(5) 按通风方式可分为自冷式、自扇冷式、他扇冷式和管道通风式等。

二、电动机接线与保护

1. 电动机直接启动

图 15-1 所示为电动机直接启动的电原理图。图中包含有电

动机 M、接触器 KM、控制用按钮 SB1 和 SB2、热继电器 FR、熔断器 FU 等设备和元件。此图表明只要按下启动按钮，电动机就能启动，并正常运转的动作原理。

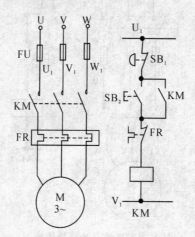

图 15-1　电动机直接启动的电原理图

　　一般生产机械设备的电气控制原理图可分为主电路、控制电路及辅助电路。习惯上将主电路画在一张图纸的左侧，控制电路按功能分布，并按工作顺序按从左到右或从上到下排列，辅助电路（如信号电路）与主电路、控制电路分开。

　　连接线、设备或元器件图形符号的轮廓线、可见轮廓线、表格用线都用实线绘制，一般一张图纸上选用两种线宽。

　　虚线是辅助用图线，可用来绘制屏蔽线、机械联动线、不可见轮廓线及连线、计划扩展内容的连线；点画线用于各种围框线；双点画线用做各种辅助围框线。

　　2. 接触点动控制线路

　　接触点动控制线路如图 15-2 所示，该电路可分为主电路和控制电路两部分。主电路从电源 L_1、L_2、L_3 经电源开关 QS、熔断器 FU、接触器触点 KW 到电动机 M。控制电路由按钮 SB 和接触线圈 KM 组成。

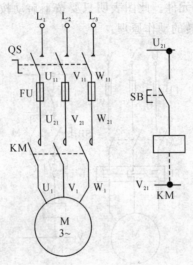

图 15-2　接触点动控制线路图

　　由图 15-2 可见，当合上电源开关 QS 时，电动机 M 是不会启动运转的，因为这时接触器 KM 的线圈未通电，其主触点处在断开状态，电动机 M 的定子绕组上没有电压。若要使电动机 M 转动，只要按下按钮 SB，使线圈 KM 通电，主电路中的主触点 KM 闭合，将电源引进电动机 M 的定子绕组，电动机 M 即可启动。当松开按钮 SB 时，线圈 KM 即失电，从而使主触点分开，切断电动机电源，松开按钮即停转的线路，称为电动控制线路。这种线路常用于作快速移动或调整机床。

　　利用接触器来控制电动机与前述用开关控制电动机线路相比，其优点是减轻劳动强度，操纵小电流的控制电路就可以控制大电流的主电路，能实现远距离控制和自动化控制。

　　3. 接触器自锁控制线路

　　接触器自锁控制线路如图 15-3 所示，该线路与点动控制线路的不同之处在于,控制电路中增加了停止按钮 SB$_2$,在启动按钮 SB$_1$ 的两端并联一对接触器 KM 的常开触点。

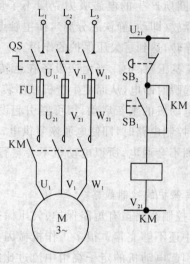

图 15-3 接触器自锁控制线

线路的动作过程是这样的:当按下启动按钮 SB$_1$,线圈 KM 通电,主触点闭合,电动机 M 启动选转。当松开按钮 SB$_1$ 时,电动机 M 不会停转,因为这时接触器线圈 KM 可以通过并联在 SB$_1$ 两端已闭合的辅助触点 KM 继续通电,保持主触点 KM 仍处于接通状态,电动机 M 就不会失电,也就不会停转。这就是与点动控制线路不同之处。这种松开按钮而仍能自行保持线圈通电的控制线路称为具有自锁(或自保)的接触器控制线路,简称自锁控制线路。与 SB$_1$ 并联的这一对常开辅助触点 KM 称为自锁(或自保)触点。

该线路的另一个重要特点是具有欠压或失压(或零压)保护作用。

(1) 欠压保护。当外界电源电压由于某种原因下降(如下降到 85% 额定电压)时,电动机转矩将显著降低,影响电动机正常运行,严重时会引起"堵转"(即电动机接通电源)的现象,电动机长期处在"堵转"状态会损坏电动机。采用自锁控制电路就可以避免上述故障。这时线圈所产生的电磁吸力克服不了反作用弹簧的压力,动铁芯因而释放(即动、静铁芯分离),使主触点断开,自动切断主电路,电动机停转,达到了欠压保护的作用。

(2) 失压(或零压)保护。当生产设备在运转时,由于其他设备发生故障,引起瞬时断电,从而使生产机械停转;当故障排除,恢复供电时,由于电动机的重新启动,很可能引起设备与人身事故。采用接触器自锁控制电路时,即使电源恢复供电,由于自保触点仍断开,接触器线圈不会通电,所以电动机不会自行启动,从而避免可能出现的事故。

4. 具有过载保护的控制线路

具有自锁的控制线路虽有短路保护、欠压保护和失压保护作用,但实际使用中还不够完善。很多工作机械因操作频繁及负载过重等原因,会引起电动机的定子绕组中流过比额定电流还大的电流(称为过载电流),较大的过载电流会引起绕组过热,损坏电机绝缘。因此,应对电动机设置过载保护,通常由三相热继电器来完成过载保护,其线路如图15-4所示。线路中将热继电器的发热元件串联在电动机的定子回路中,当电动机过载时,发热元件过热,使双金属片弯曲到能够推动脱扣机构动作,从而使串联在控制回路中的常闭触点 FR 断开,切断控制电路,使线圈 KM 断电释放,接触器主触点 KM 断开,电动机失电停转,起到了过载保护的作用。

要使电动机再次启动,必须等热元件(双金属片)冷却并恢复原状后,再按复位按钮(自动复位型除外),使热继电器的常闭触点闭合,才能重新启动电动机。

近年来,关于电动机的过载保护,国内外还普遍采用另一种先进方法,即内藏式(或称内装式)热保护装置。它是将检测电动机

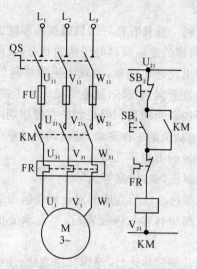

图 15-4 具有过载保护的控制线路

温度的元件直接埋设于电动机内部,在电动机过载超过额定温升时,就使控制电路的继电器动作,切断电动机电源,或报警。这种方法在控制线路上是一样的,但它不是通过测量电流来间接反映电动机的发热状态,而是直接测量电动机的温度,因此更为可靠。但要注意的是,在维修此类电动机时,切勿损坏电动机内部的热保护元器件。

三、电动机故障

电动机故障所表现的现象是多样的,但大致可归纳为三方面故障。

1. 机械故障

多数机械故障是由于机械磨损,转子中有零件发生松动而失去平衡,电动机与其他连接的机械之间失调,轴承润滑系统故障等造成,伴随机械故障而出现的现象通常是激烈的机械振动和不正常的响声。

2. 绝缘故障

新的绝缘材料一般具有良好的机械性能和绝缘性能。由于电动机运行时,其内部的绝缘材料处于热的状态,长期工作在热状态下的绝缘材料会出现老化现象,表现为绝缘材料的机械性能和电气性能逐步下降直至完全损坏,使电动机无法正常运转,这一过程称之为绝缘材料的寿命周期。但是如果在使用期内使用和保管不当,会大幅降低电动机的工作寿命,使电动机过早的损坏。常见的电动机绝缘故障原因有以下几点:

(1) 机械性损伤,如碰、刮等。

(2) 各种类型过电压所造成的对地和匝间击穿。

(3) 绝缘受潮和有害气体侵害后,不能承受正常额定电压而击穿。

(4) 电动机长期过热运行,绝缘加速老化,使机械性能和电气性能降低而损坏。

(5) 电动机已到使用寿命。

如果对地绝缘损坏,就会产生接地故障;如果线圈的匝间绝缘损坏,就会发生匝间短路故障。接地故障和匝间故障的表现特点,与故障发生位置和故障线圈的电流电压情况密切相关。

3. 集流装置故障

集流装置是指电动机的集电环、换向器、电刷装置及其连线。在正常运行时,集电环和换向器上有可能出现微小火花,集电环、换向器和电刷也会有一定的磨损,但是超过标准的火花和过量磨损都是不允许的,应加以排除。常见的故障为超等级的火花及集电环、换向器和电刷的过量磨损。

四、电动机火灾预防

1. 电动机发生火灾的原因

电动机发生火灾的原因,主要是由于不重视安全、不遵守操作规程和设备维修保养不够造成的。常见的电动机发热起火的原因有以下几种：

（1）电动机线圈的匝间、相间发生短路或接地（碰壳）。这种情况一般是由于绝缘受损，绕组受潮以及过电压时将绝缘击穿等原因造成。

（2）电动机过负荷或低压运行。因为过负荷运行或供电电压太低，都会使电动机的转速大幅度下降，结果使通入电动机的电流剧增，温度升高，致使损坏绝缘，引起火灾。

（3）三相电动机二相运行也会引起火灾。这是因为有时三只熔断器有一只熔丝熔断，使电动机二相运行，如果机械负荷不变，通入电动机的电流会大为增加，结果因发热量过大而引起燃烧。

（4）积聚污垢使轴承发热膨胀，甚至轴承被卡住不能动，加大了负荷，使线圈电流大大增加，导致线圈发热起火。

（5）维护不好，灰尘、纤维和其他杂物堵塞了电动机通风槽，妨碍了散热，造成温度升高而起火。

2. 预防措施

为了防止电动机起火，应注意以下事项：

（1）安装电动机要符合防火要求，在有爆炸性危险的车间内禁止安装非密闭的电动机。安装的环境，还要考虑防尘、防潮、防腐蚀等情况。

（2）电动机的基础应为非燃烧体，电动机旁边不允许堆放可燃物质，以防止电动机起火时火势蔓延。

（3）安装合适的保护装置。即熔断器熔丝的额定电流应为电动机额定电流的 1.5～2.5 倍。

（4）长期没有运行的电动机，应在启动前测定绝缘电阻。合闸后，如果电动机不转，应立即切断电源，排除故障。电动机启动次数不能太多，一般不超过 3～5 次，热状态下，连续启动次数不能超过 2 次，以免电动机过热烧毁，引起火灾。

（5）对运转中的电动机要加强监视，注意声音、温升和电流、电压的变化情况,以便及时发现问题,防止事故发生。

(6)普通电动机的运行电压不宜低于额定电压的5%,也不宜超过额定电压的10%。

(7)应该注意维护电动机,保持环境整洁。要防雨、防潮,保持轴承润滑良好。

(8)停电时,应立即将电动机的开关断开,以防复电时发生危险。车间无人工作时,应把电动机的电源切断。

第二节 钳 工 知 识

脱水工在生产过程中进行机械设备日常维护和修理工作,除了应具备必要的专业知识外,还应掌握一定的钳工知识和操作技能。

一、錾削

用手锤打击錾子对金属进行切削加工的操作方法称为錾削。錾削的作用就是錾掉或錾断金属,使其达到要求的形状和尺寸。

錾削主要用于不便于机械加工的场合,如去除凸缘、毛刺,分割薄板料、凿油槽等。这种方法目前应用较少。

1. 錾子

(1)切削部分的几何角度

錾子由切削部分、斜面、柄部和头部四部分组成,其长度约170 mm 左右,直径 18~24 mm。錾子的切削部分包括两个表面(前刀面和后刀面)和一条切削刃(锋口)。切削部分要求较高硬度(大于工件材料的硬度),且前刀面和后刀面之间形成一定楔角 β。

楔角大小应根据材料的硬度及切削量大小来选择。楔角大,切削部分强度大,但切削阻力大。在保证足够强度下,尽量采取小楔角,一般取楔角 $\beta=60°$。

(2)錾子的种类及用途根据加工需要,主要有三种:

扁錾:它的切削部分扁平,用于錾削大平面、薄板料,清理毛刺等。

狭錾:它的切削刃较窄,用于錾槽和分割曲线板料。

油槽錾:它的刀刃很短,并呈圆弧状,用于錾削轴瓦和机床平面上的油槽等。

2. 錾削操作

起錾时,錾子尽可能向右斜 45°左右。从工件边缘尖角处开始,并使錾子从尖角处向下倾斜 30°左右,轻打錾子,可较容易切入材料。起錾后按正常方法錾削。当錾削到工件尽头时,要防止工件材料边缘崩裂,脆性材料尤其需要注意。因此,錾到尽头 10 mm左右时,必须调头錾去其余部分,錾削示意图见图 15-5 所示。

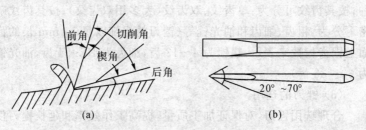

图 15-5 錾削示意图

(a) 錾削示意图;(b) 扁錾式样

二、锉削

用锉刀对工件表面进行切削加工,使它达到零件图纸要求的形状、尺寸和表面粗糙度,这种加工方法称为锉削。锉削加工简便,工作范围广,多用于錾削、锯削之后。锉削可对工件上的平面、曲面、内外圆弧、沟槽以及其他复杂表面进行加工。锉削的最高精度可达 IT7~IT8,表面粗糙度可达 Ra 1.6~0.8 μm,可用于成形样板、模具型腔以及部件、机器装配时的工件修整,是钳工主要操作方法之一。

1. 锉刀

（1）锉刀的材料及构造

锉刀常用碳素工具钢 T10、T12 制成，并经热处理淬硬到 HRC62～67。

锉刀由锉刀面、锉刀边、锉刀舌、锉刀尾、木柄等部分组成。锉刀的大小以锉刀面的工作长度来表示。锉刀的锉齿是在剁锉机上剁出来的。

（2）锉刀的种类

锉刀按用途不同分为普通锉（或称钳工锉）、特种锉和整形锉（或称什锦锉）三类。其中普通锉使用最多。

普通锉按截面形状不同分为：平锉、方锉、圆锉、半圆锉和三角锉五种；按其长度可分为：100、200、250、300、350 和 400 mm 等七种；按其齿纹可分为：单齿纹、双齿纹（大多用双齿纹）；按其齿纹疏密可分为：粗齿、细齿和油光锉等（锉刀的粗细以每 10 mm 长的齿面上锉齿齿数来表示，粗锉为 4～12 齿，细齿为 13～24 齿，油光锉为 30～36 齿）。

（3）锉刀的选用

合理选用锉刀，对保证加工质量，提高工作效率和延长锉刀使用寿命有很大的影响。一般选择锉刀的原则是：

① 根据工件形状和加工面的大小选择锉刀的形状和规格；

② 根据加工材料软硬、加工余量、精度和表面粗糙度的要求选择锉刀的粗细。粗锉刀的齿距大，不易堵塞，适宜于粗加工（即加工余量大、精度等级和表面质量要求低）及铜、铝等软金属的锉削；细锉刀适宜于钢、铸铁以及表面质量要求高的工件的锉削；油光锉只用来修光已加工表面，锉刀越细，锉出的工件表面越光，但生产率越低。

2. 锉削操作

（1）装夹工件

工件必须牢固地夹在虎钳钳口的中部,需锉削的表面略高于钳口,不能高得太多,夹持已加工表面时,应在钳口与工件之间垫以铜片或铝片。

(2)锉刀的握法

正确握持锉刀有助于提高锉削质量。

① 大锉刀的握法:右手心抵着锉刀木柄的端头,大拇指放在锉刀木柄的上面,其余四指弯在木柄的下面,配合大拇指捏住锉刀木柄,左手则根据锉刀的大小和用力的轻重,可有多种姿势。

② 中锉刀的握法:右手握法大致和大锉刀握法相同,左手用大拇指和食指捏住锉刀的前端。

③ 小锉刀的握法:右手食指伸直,拇指放在锉刀木柄上面,食指靠在锉刀的刀边,左手几个手指压在锉刀中部。

④ 更小锉刀(什锦锉)的握法:一般只用右手拿着锉刀,食指放在锉刀上面,拇指放在锉刀的左侧。

(3)锉削的姿势

正确的锉削姿势能够减轻疲劳,提高锉削质量和效率。人的站立姿势为:左腿在前弯曲,右腿伸直在后,身体向前倾斜(约10°左右),重心落在左腿上。锉削时,两腿站稳不动,靠左膝的屈伸使身体作往复运动,手臂和身体的运动要相互配合,并要使锉刀的全长充分利用。锉削操作姿势如图15-6所示。

图15-6　锉削操作姿势图

(4)锉削刀的运用

锉削时锉刀的平直运动是锉削的关键。锉削的力有水平推力和垂直压力两种。推动主要由右手控制,其大小必须大于锉削阻力才能锉去切屑,压力是由两个手控制的,其作用是使锉齿深入金属表面。由于锉刀两端伸出工件的长度随时都在变化,因此两手压力大小必须随着变化,使两手的压力对工件的力矩相等,这是保证锉刀平直运动的关键。锉刀运动不平直,工件中间就会凸起或产生鼓形面。锉削速度一般为每分钟 30～60 次。太快,操作者容易疲劳,且锉齿易磨钝;太慢,切削效率低。

3. 平面的锉削方法及锉削质量检验

(1) 平面锉削

平面锉削是最基本的锉削,常用三种方式锉削:

① 顺向锉法:锉刀沿着工件表面横向或纵向移动,锉削平面可得到正直的锉痕,比较美观。适用于工件锉光、锉平或锉顺锉纹。

② 交叉锉法:是以交叉的两个方向顺序地对工件进行锉削。由于锉痕是交叉的,容易判断锉削表面的不平程度,因此也容易把表面锉平,交叉锉法去屑较快,适用于平面的粗锉。

④ 推锉法:两手对称地握着锉刀,用两大拇指推锉刀进行锉削。这种方式适用于较窄表面且已锉平、加工余量较小的情况,来修正和减少表面粗糙度。

(2) 锉削平面质量的检查

① 检查平面的直线度和平面度:用钢尺和直角尺以透光法来检查,要多检查几个部位并进行对角线检查。

② 检查垂直度:用直角尺采用透光法检查,应选择基准面,然后对其他面进行检查。

③ 检查尺寸:根据尺寸精度用钢尺和游标尺在不同尺寸位置上多测量几次。

④ 检查表面粗糙度:一般用眼睛观察即可,也可用表面粗糙度样板进行对照检查。

4. 锉削注意事项

(1) 锉刀必须装柄使用,以免刺伤手腕。松动的锉刀柄应装紧后再用;

(2) 不准用嘴吹锉屑,也不要用手清除锉屑。当锉刀堵塞后,应用钢丝刷顺着锉纹方向刷去锉屑；

（3）对铸件上的硬皮或黏砂、锻件上的飞边或毛刺等，应先用砂轮磨去，然后锉屑；

（4）对铸件上的硬皮或黏砂、锻件上的飞边或毛刺等，应先用砂轮磨去，然后锉屑；

（5）锉屑时不准用手摸锉过的表面，因手有油污，再锉时打滑；

（6）锉刀不能作橇棒或敲击工件，防止锉刀折断伤人；

（7）放置锉刀时，不要使其露出工作台面，以防锉刀跌落伤脚；也不能把锉刀与锉刀叠放或锉刀与量具叠放。

三、锯割

利用锯条锯断金属材料（或工件）或在工件上进行切槽的操作称为锯割。

虽然当前各种自动化、机械化的切割设备已广泛地使用，但手锯切割还是常见的，它具有方便、简单和灵活的特点，在单件小批量生产，在临时工地以及切割异形工件，开槽，修整等场合应用较广。因此手工锯割是钳工需要掌握的基本操作之一。

锯割工作范围包括：① 分割各种材料及半成品；② 锯掉工件上多余部分；③ 在工件上锯槽。

1. 锯割的工具——手锯

手锯由锯弓和锯条两部分组成。

（1）锯弓

锯弓是用来夹持和拉紧锯条的工具，有固定式和可调式两种。固定式锯弓的弓架是整体的，只能装一种长度规格的锯条；可调式锯弓的弓架分成前后两段，由于前段在后段套内可以伸缩，因此可以安装几种长度规格的锯条。目前广泛使用的是可调式。

（2）锯条

① 锯条的材料与结构

锯条是用碳素工具钢(如 T10 或 T12)或合金工具钢,并经热处理制成。

锯条的规格以锯条两端安装孔间的距离来表示(长度有 150～400 mm)。常用的锯条长 399 mm、宽 12 mm、厚 0.8 mm。锯条的切削部分由许多锯齿组成,每个齿相当于一把錾子,起切割作用。常用锯条的前角 γ 为 $0°$、后角 α 为 $40°～50°$、楔角 β 为 $45°～50°$。锯条的锯齿按一定形状左右错开,排列成一定形状称为锯路。锯路有交叉、波浪等不同排列形状。锯路的作用是使锯缝宽度大于锯条背部的厚度,防止锯割时锯条卡在锯缝中,并减少锯条与锯缝的摩擦阻力,使排屑顺利,锯割省力。锯齿的粗细是按锯条上每 25 mm 长度内齿数表示的,14～18 齿为粗齿,24 齿为中齿,32 齿为细齿。锯齿的粗细也可按齿距 t 的大小来划分:粗齿的齿距 $t=1.6$ mm,中齿的齿距 $t=1.2$ mm,细齿的齿距 $t=0.8$ mm。

② 锯条粗细的选择

锯条的粗细应根据加工材料的硬度、厚薄来选择。锯割软的材料(如铜、铝合金等)或厚材料时,应选用粗齿锯条,因为锯屑较多,要求较大的容屑空间。

锯割硬材料(如合金钢等)或薄板、薄管时,应选用细齿锯条,因为材料硬,锯齿不易切入,锯屑量少,不需要大的容屑空间;锯薄材料时,锯齿易被工件勾住而崩断,需要同时工作的齿数多,使锯齿承受的力量减少。

锯割中等硬度材料(如普通钢、铸铁等)和中等硬度的工件时,一般选用中齿锯条。

(3) 锯条的安装

手锯是向前推时进行切割,在向后返回时不起切削作用,因此安装锯条时应使锯齿向前。锯条的松紧要适当,太紧失去了应有的弹性,锯条容易崩断;太松会使锯条扭曲,锯缝歪斜,锯条也容易崩断。

2. 锯割的操作

（1）工件的夹持

工件的夹持要牢固，不可抖动，以防锯割时工件移动而使锯条折断，同时也要防止夹坏已加工表面和工件变形。工件应尽可能夹持在虎钳的左面，以方便操作。锯割线应与钳口垂直，以防锯斜；锯割线离钳口不应太远，以防锯割时产生抖动。

（2）起锯

起锯的方式有远边起锯和近边起锯两种，一般情况采用远边起锯。因为此时锯齿是逐步切入材料，不易卡住，起锯比较方便。起锯角 α 以 15°左右为宜。为了起锯的位置正确和平稳，可用左手大拇指挡住锯条来定位。起锯时压力要小，往返行程要短，速度要慢，这样可使起锯平稳。

（3）正常锯割

锯割时，手握锯弓要舒展自然，右手握住手柄向前施加压力，左手轻扶在弓架前端，稍加压力，人体重量均布在两腿上。锯割时速度不宜过快，以每分钟 30～60 次为宜，并应用锯条全长的 2/3 工作，以免锯条中间部分迅速磨钝。

推锯时锯弓运动方式有两种：一种是直线运动，适用于锯缝底面要求平直的槽和薄壁工件的锯割；另一种锯弓上下摆动，这样操作自然，两手不易疲劳。

锯割到材料快断时，用力要轻，以防碰伤手臂或折断锯条。

（4）锯割示例

锯割圆钢时，为了得到整齐的锯缝，应从起锯开始以一个方向锯至结束，如果对断面要求不高，可逐渐变更起锯方向，以减少抗力，便于切入。锯割圆管时，一般把圆管水平地夹持在虎钳内，对于薄管或精加工过的管子，应夹在木垫之间；锯割管子不宜从一个方向锯到底，应该锯到管子内壁时停止，然后把管子向推锯方向旋转一些，仍按原有锯缝锯下去，这样不断转锯，到锯断为止。锯割薄板时,为了防止工件产生振动和变形,可用木板夹住薄板两侧进行锯割。

3. 锯割操作注意事项

(1) 锯割前要检查锯条的装夹方向和松紧程度;

(2) 锯割时压力不可过大,速度不宜过快,以免锯条折断伤人;

(3) 锯割将完成时,用力不可太大,并需用左手扶住被锯下的部分,以免该部分落下时砸脚。

复习思考题

1. 请简述电动机是如何分类的。

2. 电动机发生火灾事故的原因有哪些?

3. 锉削操作时应注意什么?

4. 锯割操作时应注意什么?

第十六章　全面质量管理知识

本章主要介绍全面质量管理的基本知识。

第一节　概　　述

全面质量管理是一种现代的质量管理,是一种以质量为核心的经营管理。推行全面质量管理是企业或各类组织提高自身素质,增强市场竞争能力的有效途径,它被列入我国的质量振兴纲要中,作为对企业的要求加以强调。

每个企业或组织的存在都是为了向社会上的有关顾客提供他们需要的产品(包括服务),产品满足顾客需求的能力涉及产品的质量,而质量管理就是为了对质量的形成实施管理的一种活动。

一、质量和顾客满意

在质量管理发展过程中,人们对质量有不同的看法。目前基本形成共识的看法认为:质量是"一组固有特性满足要求的程度",也可以看做是产品和(或)服务满足顾客需求的能力。因此,质量管理就是通过使顾客满意而达到企业长期成功的管理方式。

1. 顾客

顾客是指接受产品的组织或个人。这里的"顾客"既包括组织外部的顾客,也包括组织内部的顾客。外部顾客是在组织的外部接受服务和使用产品的个人或团体;内部顾客是指在组织内部接受服务或使用产品的个人或团体。

2. 顾客满意

顾客满意是指顾客对其要求已被满足的程度的感受。它是顾客将其对企业的产品或服务实际感受的价值与期望的价值进行比较的结果。

3. 提高质量是顾客满意的保证

产品质量是人类生活和安定的保证。顾客对于产品安全、可靠的质量要求日益迫切。企业加强质量管理,提高产品质量,给顾客提供进一步的保证,就可以有效地保护顾客的利益。

质量管理的主要目标是顾客满意,但是顾客满意是管理系统输出的结果。

二、质量和企业

(1) 提高质量是企业生存和发展的保证;

(2) 提高质量有利于员工的发展;

(3) 以质量为核心的管理方式符合现代企业管理要求。

第二节　全面质量管理

全面质量管理是以组织全员参与为基础的质量管理形式。全面质量管理代表了质量管理发展的最新阶段。

一、质量管理发展三阶段

1. 质量检验阶段

这一阶段主要是通过检验的方式来控制和保证产出或转入下道工序的产品质量。

2. 统计质量控制阶段

质量检验不是一种积极的质量管理方式,因为它是"事后把关"型的质量管理,无法防止废品的产生。

3. 全面质量管理阶段

全面质量管理已经不再局限于质量职能领域,而演变成为一套以质量为中心的、综合的、全面的管理方式和管理理念。

二、全面质量管理的概念

一个组织以质量为中心，以全员参与为基础，目的在于通过让顾客满意和本组织所有成员及社会受益而达到长期成功的管理途径。

三、全面质量管理的基本要求

(1) 全过程的质量管理；

(2) 全员的质量管理；

(3) 全企业的质量管理；

(4) 多方法的质量管理。

第三节　全面质量管理的基础工作

企业要开展全面质量管理，保证质量管理体系的有效运转，必须要建立基本的秩序和准则，提供合格的人力资源和基本的技术手段，并建立畅通的信息流通环境等一系列前期性工作。这些工作都是开展全面质量管理的基础工作，是质量管理工作开展的立足点和出发点，也是质量管理工作取得成效，质量体系有效运转的前提和保证。

一、标准化工作

标准是对重复性事物和概念所做的统一规定。它以科学、技术和实践经验的综合成果为基础，经有关方面协商一致，由主管机构批准，以特定形式发布，作为共同遵守的准则和依据。

标准化是指在经济、技术、科学及管理等社会实践中，对重复性事物和概念通过制订、发布和实施标准，达到统一，以获得最佳秩序和社会效益的活动。

二、计量工作

计量工作是关于测量和保证量值统一和准确的一项重要技术

基础工作。在质量管理中,从设计质量的验证到使用质量的考核,每个环节都离不开计量工作,产品的每个质量特性值都存在着量值统一和测试方法的问题。没有计量这个技术基础,定量分析就没有依据,质量优劣便无法判断。

三、质量教育与培训

全面质量管理是以人为本的管理。它要求全员参与,全过程保证质量,因此,必须把建立高素质的员工队伍作为重要的基础工作来抓。

质量教育与培训主要包括质量意识教育、质量管理知识教育和专业技能培训。

第四节 质量管理小组活动

一、质量小组的概念

质量管理小组(又称 QC 小组)是职工参与全面质量管理特别是质量改进活动中的一种非常重要的组织形式。开展 QC 小组活动能够体现现代管理以人为本的精神,调动全体员工参与质量管理、质量改进的积极性和创造性,可为企业提高质量,降低成本,创造效益;通过小组成员共同学习、互相切磋,有助于提高员工的素质,塑造充满生机和活力的企业文化。

1. 质量管理小组的概念

质量管理小组(QC 小组)是在生产或工作岗位上从事各种劳动的职工,围绕企业的经营战略、方针目标和现场存在的问题,以改进质量、降低消耗、提高人的素质和经济效益为目的组织起来,运用质量管理的理论和方法开展活动的小组。

2. 质量管理小组的性质和特点

QC 小组的性质主要表现在自主性、科学性和目的性几个方面。QC 小组活动具有以下几个主要特点:

（1）明显的自主性；

（2）广泛的群众性；

（3）高度的民主性；

（4）严密的科学性。

二、QC 小组的组建

1. 质量管理小组的组建原则

（1）自愿参加，自由结合。在组建 QC 小组时，小组成员不是靠行政命令，而是自愿结合在一起，自主地提出开展活动的要求。

（2）灵活多样，不拘一格。QC 小组的建立和活动可不拘于几种模式，而应该灵活多样、丰富多彩。如按参加人员和任务分，QC 小组可分为现场型、服务型、管理型、技术公关型等。

（3）实事求是，联系实际。QC 小组的组建要循序渐进，开始可先组建少量能解决一些实际问题的 QC 小组，使职工增加感性认识，逐步诱发参与的愿望，然后再展开发展 QC 小组。

（4）自上而下，上下结合。自上而下是组建 QC 小组的过程，上下结合是组建 QC 小组的基础。

2. 质量管理小组成员的组成及职责

QC 小组成员由组长和组员构成，通常以组长 1 人，成员 10 人左右为宜。组长的职责和任务是组织领导、指导推进、联络协调、日常管理。小组成员应做到以下几点：按时参加活动，按时完成任务，支持组长工作，配合其他组员工作。

3. QC 小组的组建程序和注册登记

因企业和行业特点不同，QC 小组组建的程序也各异，主要有以下三种情况：

（1）自上而下的组建程序。一般说来，质量主管部门和管理人员比较了解质量问题，对全企业的质量活动会有整体的设想，通过他们与基层部门和领导协商，达成共识，然后根据需要选择课题及合适人选组成 QC 小组。

（2）自下而上的组建程序。基层职工提出申请，由 QC 小组管理部门审核其选题和人员及开展活动的能力，然后予以批准组建 QC 小组。

（3）上下结合的组建程序。由上级部门推荐课题，经基层部门选择和认可，便可组成 QC 小组进行活动。

以上三种组建程序可以灵活运用，但无论怎样组建 QC 小组，都应当经过注册登记再开展活动。QC 小组成立后，应按要求填写"QC 小组注册登记表"和"QC 小组课题注册登记表"，经领导审核汇签后，送企业 QC 小组活动主管部门登记。QC 小组每年要进行一次重新登记。

三、质量管理小组活动的步骤

（1）选课题；

（2）调查现状；

（3）设定目标值；

（4）分析原因；

（5）确定主要原因；

（6）制定对策；

（7）实施对策；

（8）检查效果；

（9）巩固措施；

（10）总结回顾及今后打算。

复习思考题

1. 什么是顾客？什么是顾客满意？

2. 提高质量对企业的意义？

3. 什么叫质量管理小组？

4. 质量管理小组活动有哪些步骤？

第六部分
高级脱水工技能要求

第十七章　加压过滤机、真空过滤机处理泥化煤操作实践

小于 0.3 mm 粒级的煤泥称为细粒级煤泥，小于 45 μm 粒级的颗粒称为细泥。当精矿内细泥含量较多时，会严重影响设备处理能力并且产品水分较高。为了提高设备处理能力，降低产品水分，可采取以下措施：

（1）加强滤布冲洗，提高滤布透孔率，防止细泥将滤布网眼糊死，影响脱水；

（2）降低滤布更换周期。当滤布使用时间过长时，脱饼率会降低，同时产品水分较高，故应适当降低滤布更换周期；

（3）调整罐内压力、大轴转速、液位，使其保持在一个较为合理的范围内；

（4）提高真空度，保持较高液位，可降低产品水分；

（5）协调上道工序，尽可能改善精矿内粒度组成，使粗粒度保持在一个合理范围；

（6）选用絮凝剂，絮凝剂的选用和加药点应以现场试验为准。

第十八章 选煤工艺流程图的绘制

绘制全厂工艺流程图,某选煤厂工艺流程图见图 18-1。

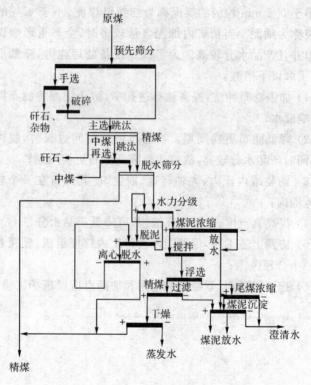

图 18-1 某选煤厂工艺流程图

流程介绍：

跳汰是煤泥浮选工艺流程中常用的一种基本流程。原煤入厂后，经预先筛分，分离出＋50 mm 的，进入手选工序，拣出矸石和杂物后，进入破碎工序，破碎物料与预先筛分的筛下物料混合，进入主选跳汰机分选。跳汰的副产品矸石丢弃，主选中煤再次入跳汰机分选，产品最终中煤装仓外运，再选精煤与主选精煤合并进入产品脱水工序。＋13 mm 的精煤产品水分已达到该工艺要求，直接进仓装车外运；小于＋13 mm 的精煤进捞坑分级。捞出的物料进行脱泥，＋0.5 mm 的筛上精煤进入离心机进行二次脱水，脱水后的细精煤混入＋13 mm 的精煤中，装车外运；脱水筛的筛下水返回斗子捞坑再进行分级处理。离心机的离心液返回脱泥筛，防止离心机跑粗，粗颗粒物料在脱水筛中再次脱泥、脱水，工艺要求脱水筛的筛缝间隙为 0.5 mm。

煤泥水处理过程：从捞坑分级工序中分级出的煤泥水进入煤泥浓缩工序，浓缩机的底流进入搅拌工序，搅拌后的煤泥进入浮选机加工，浮选机浮出的泡沫产品进入过滤工序脱水，滤饼采用干燥工序进行二次脱水。过滤机的溢流返回搅拌工序，再进入浮选机加工，浮选尾煤进入尾煤浓缩，溢流水澄清后返回浮选系统。浓缩机底流进入煤泥沉淀池沉淀处理，处理的煤泥采用人工和机械挖出晾干或丢弃。溢流的澄清水作循环水复用。煤泥浓缩的溢流水或事故排放水全部进入煤泥沉淀池。

参 考 文 献

[1]刘峻琳,杜海庆.煤炭行业特有工种职业技能鉴定教材:浮选工[M].北京:煤炭工业出版社,2005.

[2]吴士瑜,岳胜云.选煤基本知识[M].北京:煤炭工业出版社,2003.

[3]马林,罗国英.全面质量管理基本知识[M].北京:中国经济出版社,2001.

[4]竺清筑,石彩祥.选煤厂煤质分析与技术检查[M].徐州:中国矿业大学出版社,2004.

[5]谢广元.选煤厂产品脱水[M].徐州:中国矿业大学出版社,2004.

[6]隋福海.维修钳工技术[M].北京:机械工业出版社,2003.

[7]杨筠怀.维修电工技术[M].北京:机械工业出版社,2007.

[8]邓晓阳,等.选煤厂机械设备安装使用与维护[M].徐州:中国矿业大学出版社,2010.

[9]李显全.维修电工[M].北京:中国劳动社会保障出版社,2005.

[10]庞兴华.机械设计基础[M].北京:机械工业出版社,2009.

[11]倪兴华,王崇君.选煤厂工人技术操作规程[M].北京:煤炭工业出版社,2004.